육아살롱 in 영화,
부모 3.0

생물학적 육아, '부모 1.0',
당근과 채찍 육아, '부모 2.0'을
뛰어넘는
아이와 부모가 함께 즐거운
'NEW 부모 3.0!'

속 시원한 '사이다 육아'를 영화에서 만나다!

육아살롱 in 영화, 부모 3.0

| 김혜준, 윤기혁 지음 |

Sb
smart business

| 추천사 |

드라마에서 아버지 역할을 많이 해서 그런지 많은 분들이 아버지 하면 저를 떠올리셔서 쑥스럽습니다. 사실 제가 아버지 역할과 처음 인연을 맺었던 건 1970년대 드라마 김동현 작, 유길촌 연출의 〈아버지〉에서였습니다. 30대 젊은 나이에 교장으로 퇴직한 아버지 역을 맡았으니, 노역(老役)이 저의 주특기라 할 만했지요.

돌이켜보면 당시 저는 '아버지의 침묵'을 조금은 이해하고 연기에 임했던 것 같습니다. 드라마 속에서 아버지는 아내의 빈소를 찾아준 사돈에 대한 답례 겸 시집 간 딸 얼굴도 보고파서 큰딸 집으로 찾아가는 장면이 나옵니다. 신문지에 싼 볼품없는 돼지고기 한 근을 들고 찾아온 초췌한 아버지의 모습에 큰딸은 너무도 안쓰럽고 속이 상한 나머지 돌아가라고 울음 섞인 고함을 지릅니다. 그러자 별다른 대꾸도 없이 우물쭈물 돌아서는 아버지의 뒷모습에서, 많은 시청자들이 함께 눈물 흘렸던 기억이 새롭습니다.

저는 그때 이후, 아버지란 '가슴속에 쉽사리 해석하지 못할 시(詩)를 품고 있는 사람'이라는 걸 깨달았습니다. 별다른 대사 없이도 아버지의 아픔은 보는 사람의 가슴으로 곧바로 옮겨 붙었으니까요. 아버지는 말없는 자연이었던 것입니다.

이번에 김혜준 대표의 생각을 읽어보면서 저도 지난 시간을 곱씹어보게 됩니다. 아버지의 가슴속 시가 궁금하지 않으십니까? 모쪼록 이 책을 통해, 그 궁금증을 풀어보는 소중한 시간을 가져보시기 바랍니다.

최불암(방송인)

남편이 먼저 읽고,
아내에게 권하는 '부모 3.0!'

30대 아빠와 40대 아빠, 두 명의 아빠가 뭉쳤다. 하루하루 애 키우느라 진땀 뻘뻘 흘렸고, 지금도 흘리고 있는 그냥 아빠들이다. 육아휴직을 2번 감행한 아빠와 아버지운동을 하고 있는 좀 삭은 아빠는 사단법인 〈함께하는아버지들〉의 월례 포럼에서 처음 만났다. 두 사람은 단번에 전기가 통했고, 시간이 흐를수록 고구마와 김치가 어울리듯 손발이 척척 맞았다. 그리고 각자의 자식 키우는 마음을 영화와 비벼서 투박한 질그릇에 담아냈다.

아이들은 부모의 사랑을 먹고 자란다. 그런데 아빠와 엄마의 사랑은 맛과 영양이 좀 다르다. 영양을 기준으로 본다면 엄마가 차려주는 밥^{모성애}에는 탄수화물(?)이 많이 들어있고, 아빠가 차려주는 밥^{부성애}에는 단백질(?)이 많이 들어가 있다. 당연히 아이의 영혼과 몸이 살찌려면 탄수화물과 단백질의 균형이 잡혀야 한다.

사회에서 능력을 발휘하고 행복한 가정을 꾸리는 사람들의 공통점은 어린 시절 아빠와 더 많이 그리고 더 깊이 교류했다는 사실이 밝혀졌고, 이를 '아버지 효과'Father Effect라고 한다. 그러니 아버지 효과란 아빠가 차려주는 밥에 비유해볼 수 있겠다.

아빠의 밥이 맛도 좋고 몸에도 좋으려면 좋은 재료와 레시피가 중요하다. 하지만 제일 중요한 건, '아빠가 어떤 생각과 기분으로 요리에 임하는지'다. 그래서 나는 이 책에서 아빠라는 요리사가 갖가지 상황에서 어떤 생각과 어떤 느낌을 가지게 되는지, 요리사의 마음이 어떻게 흘러가는지 보여주려 노력했다. 그런 점에서 이 책은 특히 엄마들에게 유익하리라 본다. 아빠라는 요리사를 요리하는 사람은 엄마인 경우가 적지 않기 때문이다.

하지만 아빠를 섣불리 요리하려고 들 때, 아빠의 밥은 오히려 맛도 영양도 떨어지기 쉽다. 오히려 좋은 아빠를 양식養殖하려는 마음을 비울 때, 자연산自然産 좋은 아빠의 시동이 걸리곤 한다.

우리들 부모란 성층권에 존재하는 완성된 사람이 아니다. 그저 '자식을 키우면서 성장하는 존재'일 뿐이다. 그렇다면 부모의 성장에도 단계를 생각해볼 수 있지 않을까?

그래서 컴퓨터 운영체제가 업그레이드되듯 부모 역할의 버전을 생각해보았다. 자녀의 '생리적 욕구를 채워주는 역할'을 부모 1.0이라고 보았고, 바람직한 모습으로 자녀를 '빚어내고자 애쓰는 역할'을 부모 2.0으로 정의했다. 그리고 최고 사양의 버전인 부모 3.0은 '늘 웃으며 자녀와 함께하는 역할'로 규정했다.

이런 부모 3.0은 〈함께하는아버지들〉 활동의 연장선에서 나왔다. 불같은 성격의 아버지 밑에서 성장한 나는 아버지의 역할과 가치에 남다른 감수성을 가지고 살아왔다. 그리고 내 자신이 아버지가 된 후에는 이른바 '아버지 효과'에 천착해왔다. 그래서 만든 단체가 사단법인 〈함께하는아버지들〉 www.fathers.or.kr 이다. 아빠들이 더 많이 그리고 더 깊이 가족과 함께 할 수 있도록, 아빠들의 아빠 노릇을 돕고 있다.

그동안 아버지운동을 하면서 많은 아빠들을 만났고 '아버지 효과'를 고민한 결과, 깨달은 게 있다. 아버지 효과가 제대로 나오기 위해서는 반드시 엄마의 '인정'이 필요하다는 사실이다. 이 책의 이름이 '아버지 3.0'이 아니라 '부모 3.0'으로 지어진 건 그래서다.

이 책이 아내들에게는 남편의 속마음을 들여다보는 하나의 창문으로, 아빠들에게는 아이들이 커가면서 갖게 되는 아빠의 생각과 느낌을 미리 알아보는 리트머스지 정도로 쓰인다면 기쁘겠다.

이지적이고 반듯한 아빠인 공저자에 감사드리면서, 이 책을 나의 아버지 그리고 내 딸에게 드리고 싶다.

김혜준

영화 속으로 퐁당,
육아 속으로 풍덩!

후덥지근하다. 낮 기온이 36℃인데 체감온도는 그보다 10℃가 더 높단다. 게다가 오늘은 습하기까지 하다. 그런데도 아이들은 싱글벙글한다. 아침 먹고 수영, 점심 먹고 수영, 해가 떠서 수영, 비가 내려 수영이다. 아이들과 해외여행을 간다는 내게 누군가는 아이들이 기억도 못할 텐데 왜 벌써 가느냐고, 물놀이할 거면 해외가 아닌 워터파크가 더 만족스럽지 않으냐며 고개를 갸우뚱했다.

맞다. 사실 떠나온 지금도 먹이고 재우며 아이들을 챙기는 어제의 일상과 크게 다르지 않다. 말도 제대로 통하지 않는 곳에서 낯선 사람들의 다른 표정에 묘한 긴장감마저 생긴다. '이러려고 여기까지 왔을까' 하는 생각이 드는데, 이상하게 몸과 마음은 한결 경쾌해진다. 익숙함과의 단절이 가져온 치유의 효과는 아닐까?

문득 깨달을 때가 있다

내가 오늘의 그림 속에 갇혀 있다는 것을

나가는 길을 잃어버렸다는 것을

두드려도 발버둥쳐도

문도 길도 찾을 수 없다는 것을

오늘의 그림에서 빠져나가고 싶을 때가 있다

신경림 시인의 〈그림〉이라는 시의 일부다. 오늘의 그림에서 잠시 빠져나가는 것 중 가장 손쉬운 것이 여행이 아닐까 한다. 사실 나에겐 육아휴직이 그랬다. 잠든 아이를 보고 출근해서 아이가 잠들 시간에 돌아오는 아빠의 생활에서, 훌쩍 빠져나왔으니 말이다.

그렇게 보낸 아이들과의 일상은 가끔 옅은 초록이 펼쳐진 수평선을 바라보며 홀로 모히토를 마시는 풍경이기도 했지만, 대부분은 내리쬐는 햇볕과 끝없이 펼쳐진 굽은 길을 가야 하는 산티아고 순례길이었다. 발이 퉁퉁 붓기도 하고, 온탕과 냉탕을 오가는 감정의 소용돌이 속에서 끙끙 앓기도 했다. 수십 차례, 그 이상의 반복된 시행착오가 있고서야 겨우 한 걸음 더 아내와 아이들에게 다가갈 수 있었지만, 집안의 침묵을 채우는 웃음소리는 더 빨리 늘어나기 시작했다.

이 책에서는 영화를 통해 오늘의 그림에서 잠시 벗어나려 한다. 짧은 시간을 들여서, 나와 다른 사람의 인생에 쏙 들어가는 몰입의 순간을 즐겨보는 것이다. 고단한 현실에서 훌쩍 벗어나 가만히, 자세히 들여다보자. 영화를 보고 느끼며 그동안 스쳐 지났던 아이의 행동과 아내의 속마음, 외면했던 아빠이자 남편인 나의 민낯을 만났다.

그리고 나와 같은 모습에 공감하고, 나와 다른 모습에 위로받는 순간을 담았다. 부모 노릇에 대한 나의 고민은 여전히 진행 중이니, 육아에 대한 뾰족한 노하우나 필살기는 없다. 오히려 해답을 찾지 못한 질문에 불편해할지도 모른다.

다만 책을 읽는 동안, 영화를 보는 동안 잠시 멈추어 오늘의 그림에서 빠져나오기를 바란다. 그래서 자신만의 새로운 그림을 그릴 수 있기를, 잊었던 우리의 미소를 다시 한 번 꺼내는 기회가 되기를 감히 기대한다.

윤기혁

| 차 례 |

머리말 남편이 먼저 읽고, 아내에게 권하는 '부모 3.0!' _ 김혜준

영화 속으로 퐁당, 육아 속으로 풍덩! _ 윤기혁

 육아살롱 in 영화 Father & Mother

독주가 아닌 협주, '아이를 키운다는 것!'

30대 아빠, 윤씨 아저씨 편

40대 아빠, 김씨 아저씨 편

육아살롱 in 영화 **Work & Family**

두 마리 토끼, '일과 가정의 숨바꼭질!'

30대 아빠, 윤씨 아저씨 편

40대 아빠, 김씨 아저씨 편

육아살롱 in 영화 **Parents & Children**

같은 곳을 보다, '나란히 손잡고 같은 시선으로!'

육아살롱 in 영화

Father & Mother

독주가 아닌 협주,
'아이를 키운다는 것!'

어떤 아빠로
기억되고 싶은가?

 〈캡처링 대디〉 2013, 감독 나카노 료타

영화 〈캡처링 대디Capturing Dad〉는 이렇게 시작한다.

"형수님, 와주세요. 싫으시면 하즈키와 코하루만이라도……."

6개월 전, 말기 암이 발견된 아빠의 소식을 전하며 마지막이 될지도 모를 아빠와 자식의 만남을 청하는 삼촌의 전화다. 죽음의 문턱에 선 아빠 얼굴을 마주할 마지막 기회일지도 모를 순간이지만, 14년 전 다른 여자가 생겨서 집을 나간 사람으로 기억하는 두 딸에겐 마뜩찮은 상황이다.

그런데 무슨 이유에서인지 엄마 사와와타나베 마키코는 첫째 하즈키야나기 에리사와 둘째 코하루마츠바라 나노카에게, 아빠의 마지막 모습을 사진으로 담아오라는 미션을 준다. 그렇게 두 자매는 함께 길을 나선다.

기차를 타고 또 갈아탄다. 기차역을 빠져 나와 버스를 타려 주위를 둘러보는데 인적이 없다. 버스는커녕 택시도 찾을 수 없다. 이때 울리는 전화 벨소리, 엄마다. 아빠가 돌아가셨단다. 카메라를 만지작거리며 "아빠를 어떻게 찍을까? 아빠는 우리를 보면 뭐라고 할까?" 하며 기다리던 만남이 또 한 번의 이별로 바뀌었다.

하즈키와 코하루가 멘붕과 적막 사이를 헤매고 있을 때, 한 어린이가 역사를 기웃거린다. 그녀들을 마중 나온 치히로다. 그는 아빠의 아들이자, 두 자매의 남동생이다. 처음 만난 사이에다가 엄마도 다르고 공통분모인 아빠마저 세상을 떠났기에, 어색하기만 할 것 같은 세 사람은 경계나 분노의 마음 없이 조심스레 상대에게 예의를 지키며 문을 연다.

***

네모난 관 속에 반듯이 누운 아빠는 어엿한 숙녀로 성장한 두 딸을 볼 수도 만질 수도 없다. 예상하지 못한 아빠의 모습에 하즈키와 코하루는 한동안 말없이 지켜보다 밖으로 나간다. 스무 살 하즈키는 담배 한 개비를 꺼내 입에 물었다. 따라 나온 치히로가 하즈키의 손에 들린 세븐스타 담배를 보고는 "그거 아빠랑 같은 담배에요."라고 말한다.

의외의 동질감에 두 자매는 아빠가 궁금해진다. 치히로는 약간 완고

한 사람, 말은 별로 없지만 그래도 가끔 웃는 얼굴을 하고, 참치를 너무 좋아해서 항상 참치를 먹었던 사람이라 일러준다. 아빠의 병환 소식을 처음 듣던 날, 엄마는 초밥을 사왔다. 그날 코하루는 참치만 먹다가 결국 언니 하즈키에게 제지를 당했다. 그럼에도 불구하고 코하루는 마지막 남은 참치를 필사적으로 자신의 입에 넣었다. 잊었던 아빠를 두 딸은 그렇게 닮아 있었다.

떨어져 산 날이 더 많아 기억마저 희미한 아이들의 일상에서 잊힌 아빠의 모습이 불쑥 튀어나와 습관이 되었다는 것이 참 신기하다. 내게도 그런 신기함이 있다. 어쩜 기이한 일에 가깝겠다. 바로 너무도 싫어서 절대로 닮지 않겠다고 다짐했던 아빠의 모습을 성인이 된 내가 똑같이 행동하는 것이다.

어렸을 때 아버지는 술을 좋아하셨고, 으레 휘청이는 다리로 귀가하셨다. 아버지는 커다란 목소리와 거친 턱수염 그리고 술 냄새를 벗 삼아 잠든 척 두 눈을 꼭 감은 나를 향해 다가오셨다. 당신의 거침없는 스킨십에 어린 나는 종종 너무도 티나게 온몸을 경직시키며 얼음이 되고도 눈을 뜨지 않았다.

그럴 때마다 다짐했다. 절대 술을 마시지 않겠다고! 혹 피할 수 없는 상황에서 마지못해 마시게 되더라도 취하진 않겠다고!! 혹 혹 어쩔 수 없이 취하더라도 집에 와선 조용히 들어가 잠들겠다고!!! 그런데 나는 동료들과 함께하는 회식 외에도 가끔 집에서 혼술 하는 경지인지, 지경인지에 이르렀다.

아빠를 닮은 하즈키와 코하루, 두 자매와 아버지를 닮은 나를 살피며 부모와 자식이라는 인연이 주는 묘한 공통분모에 당황하고 있을 때, 코하루가 두 가지 질문을 던진다.

"아빠는 어떤 사람이었어?"

"아빠는 우리를 어떻게 생각했을까?"

이에 다시 고쳐 묻는다.

"아빠 10년 차에 들어선 나는 과연 어떤 사람인가? 두 딸을 어떻게 생각하고 있나?"

우선, 나는 가족과 오순도순 마주 앉아 재미난 이야기와 맛있는 음식을 함께 나누며 살고 싶다. 상대의 말과 행동이 나의 생각과 달라도 언제나 여유롭고 당당하게 대하며, 오늘 이 순간의 소중함을 즐기고 마음껏 웃다가 잠들고 싶다.

그러나 현실은 허겁지겁 아이들의 등원과 등교를 재촉하고, 정신없이 쏟아내는 녀석들의 에너지에 당혹해하며, 줄어드는 통장 잔고를 보고 경제적 결핍에서 벗어날 방법을 궁리한다.

또 수십 년간 겪어온 나의 시행착오를 아이들은 말 한마디에 개선할 것이라 기대하며 강권하고, 그래서 결국 실망하기를 반복하는 좀 모자란 사람이다.

비록 아빠로서 인자한 기다림은 온데간데없고 조바심으로 가득 찬 목소리로 아이들의 눈물을 쏙 빼기도 하지만, 두 딸은 언제나 나의 '일상'이고 '온기'이며 '삶의 이유'다.

퇴근한 내가 현관문을 여는 소리가 들리면 순식간에 이불 속에 숨어 숨바꼭질을 시작하고, 한참을 놀고서도 잠잘 시간이 되면 양팔 가득 책을 들고 와 모두 읽어달라며 잠자리를 거부하는 아이들. 어느새 내려오는 눈꺼풀에 스르르 잠들어 쌔근쌔근 거리는 녀석들의 숨결을 들으면, 오늘 여기 이렇게 함께 있을 수 있다는 사실과 아빠와 딸이라는 달콤 살벌한 인연에 감사한다.

그럼 두 딸은 나를 어떻게 생각하고 있고, 어떤 아빠로 기억하게 될까?

아빠를 화장터로 들여보내고 저만치 물러선 첫째 하즈키는 "감사도 안 하지만 미워하지도 않아."라고, 둘째 코하루는 "나도 참치 계속 좋아할 거야."라고 한다.

떠나 지낸 시간이 더 오랜, 그래서 사랑을 표현하지 못했을 아빠인데도 그에 대한 평이 예상보다 나쁘지 않다. 같은 공간에서 눈을 감고 뜨는 우리 아이들은 아마도 아빠의 사랑을 느끼고 있겠지, 하는 순간 차가운 바람이 머릿속을 스친다.

잠자리에서 마사지해준다고는 팔다리를 몇 차례 문지르다 드르렁 코를 고는 사람, 어설픈 행동에 자세한 설명을 준다는 핑계로 끊임없이 잔소리를 늘어놓은 사람, 명절 지나면 장난감을 사준다고 했다가 한 달 후에도 다음 명절이 다가오지 않았으니 더 기다리라는 뻔뻔한 사람, 정해진 게임시간이 10분 남았는데 불쑥 자기도 하고 싶다며 피 같은 게임시간을 빼앗는 사람으로 생각할지도 모른다.

어쩌면 떡볶이 가게에서 주문하고 계산하는 데 주저하거나, 여럿이 모인 곳이면 자기 생각을 드러내는 것이 수줍어 뒤로 숨는 자신을 보면서, 낯설고 변화에 두려워하는 기질만 주고 이를 극복하는 용기를 주지 않은 아빠를 원망할지도 모를 일이다.

설령 이 모든 것이 부인할 수 없는 사실에 기초한 나의 모습일지라도 아이들에게 기억되고 싶은 모습은 아니다.

어떤 아빠로 기억되는 좋을까? 음, 자식을 아끼고 사랑하는 듬직한 아빠는 어떨까?

배려와 존중이 부족하여 가끔 상처를 주기도 하지만 마음속 깊은 곳에는 자식에 대한 무한 사랑을 품고 사는 따뜻한 아빠 말이다. 이렇게 말하니, 생각보다 상투적이기도 하고 모호하기도 하다. 사랑하고 있으니 비록 그 과정에서 아이의 고통이 뒤따르더라도 "아빠의 행동은 정당한 것이야." 하며 합리화하는 것 같아 머쓱하다.

***

희미하고 불편한 생각에 갇힌 내게 치히로와 하즈키의 대화가 들려 온다. 하즈키와 코하루는 아빠의 장례를 치르고 일상으로 돌아가려 한다. 배웅 나온 치히로는 이젠 여기에 올 일이 없을 거라는 누나들의 말에 또 한 번 가족을 떠나보낸 슬픔을 느낀다. 울먹이는 치히로에게 큰 누나인 하즈키는 "만약에 너무너무 힘든 일이 생기면 연락해. 그땐 누나들이 치히로의 탈출구가 되어줄게." 하며 마법의 티켓 같은 연락 처가 적힌 작은 명함을 건넨다.

그래 이거다. 아이들의 '탈출구'가 되어준다는 것, 얼마나 멋진 아빠 인가?

자녀가 살아가며 만나는 수많은 관문, 그 앞에 서서 마치 열쇠를 쥔 모습으로 열고 들어갈 곳을 정해주는 문지기가 아니라, 자녀가 스스 로 선택한 문 앞에서 방황하고 지쳐 주저앉고 싶을 때, 잠시라도 언제 라도 몸과 마음을 추스를 수 있는 탈출구가 되는 것이다.

TV에서 5남매를 둔 싱글 대디의 사연을 본 적이 있다. 아픈 다리를 끌고 오토바이로 배달 서비스를 하는 그는 초등학생 첫째부터 엄마의 손길이 절실한 막내까지 챙겨야 했다. 몸이 힘들어도, 사별한 아내가 그리워도 아빠인 그는 아이들 앞에선 언제나 웃음을 잃지 않으려 했다.

문득문득 불쑥불쑥 아이들에게 다가오는 엄마에 대한 그리움은 형 제간의 다툼으로, 이유 없는 울음으로 나타난다는 것을 알기에 그는 아이들의 든든한 버팀목이자, 유일한 탈출구가 되려고 한 것이다.

　나의 아버지는 8년 전 암으로 수술을 하셨다. 어느 정도 체력을 회복하신 지금은 먼저 전화를 주시는 경우가 잦다. 아들과 며느리, 손녀들의 일상을 물으시기도 하고 건강에 좋은 음식과 운동법을 권해주시기도 한다. 가끔 아주 가끔은 철없는 아들이 쏟아내는 직장생활과 육아의 고단함을 받아주시기도 한다. 그러고 보니 아버지는 이미 나의 탈출구다.

　나는 언제쯤 그럴 수 있을까?

　지난 주말 아이에게 훈육을 한다며 화를 냈다. 시간이 지나서도 마음에 걸리는 것을 보니, 그냥 지나가거나 부드럽게 타이르기만 해도 될 것이었나보다. 내 분에 못 이겨 소리를 높였던 것이 민망해져 편지를 썼다.

　'쑥쑥아~ 아빠야. 오늘 아침에도 화를 내어 미안해. 같이 수영도 하고, 연극도 보고, 책도 읽고, 떡볶이도 먹고, 쑥쑥이 마사지도 하고 자주 더 자주 웃자. 고맙고 사랑해.'

　이 편지는 한 달이 지난 지금도 나의 일기장에 꽂혀 있다. 하교한 첫째에게 주기 전에 다시 읽다가 마음을 바꿨다. 미안하고 사랑하는 마음을 글로 전하기보다, 매일 아침 내가 읽고 초심을 기억하며 행동으로 표현하는 것이 더 좋겠다고 생각했기 때문이다.

엄마와는 다른
아빠로서의 장점 찾기

 〈미 비포 유〉 2016, 감독 티아 샤록

지난 추석 요양병원에 갔다. 바다가 보이는 곳이라는데, 정작 병실에서는 나란히 서 있는 건물 하나가 보일뿐이다. 제일 안쪽 병실로 들어서니 10여 명의 어르신 중에서 외할머니가 보인다. 은색 비녀를 중심으로 가지런하던 하얀 머리칼은 노란 고무줄에 묶여 삐죽삐죽 심술이 났다. 다가가는 나의 걸음에 어머니가 외할머니 귀에 대고 내 이름을 말하신다. 외할머니는 힘을 주어 한쪽 눈을 뜨고 웃어주신다. 다른 쪽 눈은 위아래가 붙었다.

외할아버지는 일찍, 너무 일찍 돌아가셨다. 그래서 어머니는 외동이다. 둘이 살았고, 어머니가 결혼한 후 외할머니는 홀로 사셨다. 평소엔

이웃들이, 명절엔 친척들이 오가기도 했다. 하지만 불을 끄고 잠이 들 때면 언제나 혼자였을 것이다. 학교를 졸업하고 직장을 다니던 외손자를 만나는 명절에는 작고 주름진 손을 펼쳐 버릇없는 굵은 손에 용돈을 꼭 쥐어주시며, "이걸로 맛있는 거 사 먹어."라고 하셨다.

그래서일까? 나는 항상 외할머니를 그리워한다.

그런 외할머니가 점점 기억을 지우고 계신다. 최근의 기억부터 조금씩 조금씩. 가끔 컨디션이 좋을 때는 간병인을 보고 딸로 생각해 "내가 아직 살아서 네가 고생만 하네." 하신다. 오늘이 마지막일지도 모르지만, 내색 없이 우리는 서로를 안았다. 돌아 나와 장난기 가득한 딸과 조카들을 보니, 어린 나의 모습이 비친다. 온전히 혼자서 가사와 육아를 하던 외할머니와 어머니는 지금의 나와 아내보다 힘들고 외로웠으리라. 이제야 감히 짐작해본다.

최근 아빠들의 육아 참여에 대한 관심이 높아지고 있다. '아빠 효과'라고 하며 아이들의 성장에 미치는 아빠의 역할, 그 중요성을 강조하는 연구가 종종 발표되고 있다. 직장을 다니는 여성이 증가하고, 가족 구성의 형태가 변화했다. 그래서 육아가 여성, 아내의 몫이 아니라 부부, 공동의 몫이 되어야 한다는 데 절대 공감한다.

하지만 엄마 아닌 아빠만의 장점이 있으니 아빠의 육아 참여가 필요하다는 주장은 부담스럽다. 나의 아버지, 나의 할아버지는 가족의 경제 상황을 감당하셨다. 자연스레 대부분의 시간을 어머니와 함께 보내

육아살롱 in 영화, 부모 3.0

고 성장했는데, 아빠만의 장점이 있다니. 뭔가 나의 결핍을 그리고 어머니, 할머니의 고단했던 일상을 무심하게 들추는 것 같아 순순히 받아들이고 싶지 않다.

아~ 어쩜 아빠의 육아 참여가 없었기에, 내가 이 모양인가? 우리 사회가 이 모양인가?

이런 논리라면 부정하기 어렵겠다.

엉뚱한 상상과 논리의 비약이 심한 나에게 아동학 박사 한 분이 친절한 설명을 주셨다. 아이는 태어나서 엄마를 자신과 동일시한단다. 그렇게 엄마로부터 형성된 자아상을 가지고 타인을 만나기 시작하는데, 그 처음이 다름 아닌 아빠라는 것이다.

아빠라는 타인을 인식하면서 아이들에게는 경계가 생기고, 아빠랑 놀면서 아이는 타인과 관계하는 법을 배우게 된다고 한다. 그렇게 아빠와의 상호작용은 아이의 사회성, 언어발달 등을 촉진한다는 것이다. 그런데 여기서의 아빠는 대체代替 가능할 것만 같다. 삼촌이나 할아버지, 혹은 할머니가 타인의 영향을 대신해도 되지 않을까?

고백하건대 나는 아빠지만 사회성 지수가 낮은 편이다. 마흔에 가까운 나이에도 여럿이 모이면 쭈뼛거리며 여전히 낯을 가린다. 그 덕인지 그 때문인지, 두 딸도 낯을 가린다. 통계적으로 아무리 유의미한 것들도 '나'라는 개별 문제로 당면하게 되면, 소위 육아 법칙이라 불리는 것들이 종종 무의미해진다.

이런 편견을 가진 내게 '엄마와는 다른 아빠의 모습은 이런 것일지도 몰라!' 하는 생각을 일으킨 영화가 있다. 바로 조조 모예스가 지은 동명 소설을 원작으로 한 티아 샤록 감독의 〈미 비포 유Me before you〉다.

당당하고 자신감 넘치는 그래서 타인은 물론 자신마저 부러워하는 생활을 하던 사업가 윌 트레이너샘 클라플린는 갑작스런 사고로 전신마비 환자가 된다. 6년 동안 일하던 카페가 문을 닫자, 백수가 된 루이자에밀리아 클라크는 간병인이 되어 윌 트레이너를 만나게 된다.

예상대로 윌은 자신만의 성에서 문을 닫은 채 너무나 자연스레 갑질(?)을 한다. 하지만 루이자의 끈질기고 진솔한 미소에 서로는 점차 가까워지며, 일상에서 마음을 공유하기 시작한다. 그러다 6개월이 될 즈음, 윌 트레이너는 스스로 죽음을 택하기 위해 스위스로 가려 한다. 루이자는 그의 생각을 바꾸기 위해 갖가지 방법을 동원하지만……

윌은 고백한다.

"당신이 오고 나서 내 삶 전체가 좋은 방향으로 달라졌어요. 그렇지만 그건 내가 원하는 삶이 아니에요. (중략) 나는 지금보다 절대 더 나아지지 못해요. 오히려 악화될 가능성이 훨씬 높아요. 더는 휠체어도 싫고, 폐렴도 싫고, 타는 듯한 팔다리도 싫습니다. 우리가 돌아가면,

육아살롱 in 영화, 부모 3.0

난 스위스로 갈 겁니다. 날 정말 사랑한다면, 나와 함께 가줘요. 내가 바라는 끝을 줘요."

2년 전 한 손에 꼭 들어차는 두께의 책《Me before you》에 흠뻑 빠져 있을 때는 오로지 존엄사에 대한 윌과 루이자의 선택에만 집중했었다. 자신의 죽음을 결정하고 싶은 윌과 붙잡고 싶은 루이자를 보며, '나라면 어떤 선택을 할까?' 하는 생각을 하다가, "당신은 내 심장에 깊이 새겨져 있어요. (중략) 내 생각은 너무 자주 하지 말아요. 당신이 감상에 빠져 질질 짜는 건 생각하기 싫어요. 그냥 잘 살아요. 그냥 살아요." 하는 루이자에게 보내는 윌의 마지막 편지에서는 현재를 충실하게 살아야지 하며 그냥 일상으로 돌아갔다.

영화를 보는 지금, 또다시 나는 '어떤 선택이 좋을까?' 하며 존엄사의 경계를 오가며 방황한다. 여기에다 오늘은 윌 트레이너를 대하는 아빠와 엄마의 모습이 새로이 다가와 고민을 하나 더 얻었다.

✳✳✳

루이자와 함께 생활하던 윌이 점점 삶에 활력을 찾아가던 중 스위스의 한 병원에서 온 편지를 받게 된다. 이를 본 윌 트레이너의 아버지스티븐와 어머니카밀라의 대화다.

스티븐 : 윌과 약속했잖아. 6개월만 살겠다는.

카밀라 : 그 애의 마음을 돌릴 시간이라고 생각했죠! 아들이 안락사하겠다는 걸, 그대로 두다니.

스티븐 : 지난번처럼 혼자 또 자살 시도하는 것보다 낫잖소. 이렇게 하면 그 애 곁에서 마지막 순간까지 그를 사랑해줄 수 있어.

카밀라 : 내 아들이에요.

스티븐 : 내 아들이기도 해!

같고 다르다. 윌 트레이너를 아들로 두고 있고, 그를 사랑하고 있다. 마지막까지 그를 사랑하고 싶다. 하지만 사랑과 존중의 방법에서 차이를 보인다. '그럼에도 불구하고' 우린 함께 있어야 한다는 엄마와 자녀의 결정을 존중하며 그 방식으로 마지막 순간을 함께하자는 아빠, 누가 옳고 누가 옳지 않은 것일까?

이번엔 루이자 부모의 반응이다.

죽음에 대한 윌의 확고한 의지를 확인하고 깊은 상념에 빠진 루이자, 이를 본 루이자의 어머니가 윌이 처한 상황을 알게 된다. 그리곤 "어떻게 부모가 그럴 수가 있는지. 그 일은 살인과 다를 바가 없으니, 그 일에서 그만 빠지라고……." 하며 격분한다. 반면 잠깐의 시간이 흐른 후, 루이자와 마주 앉은 아버지 버나드가 조용히 말을 건넨다.

버나드 : 아무것도 못할 거다. 그런 사람의 결심을 바꾸는 건.

루이자 : 저는 어떡해요?

버나드 : 맘껏 사랑해줘. 아직 시간이 있잖니.

이런 장면들이 의도적으로 아빠와 엄마의 차이를 보여주기 위한 장치였을까? 아니면 그저 엄마와 아빠의 역할이 바뀌어도 무방한 우연이었을까?

어쨌든 루이자의 엄마는 윌의 엄마와, 루이자의 아빠는 윌의 아빠와 참 많이 닮았다. 이 모습이 겹쳐 들어왔을 때 어쩜 엄마와는 다른 아빠만의 장점, 아니 차이점이 있을 수도 있겠다고 생각했다.

'내가 윌이라면?' 하는 물음을 가졌었다. 그런데 난 부자도 아니고, 사업가도 아니다. 미남도 아니며, 심지어 젊지도 않다. 그러니 이런 가정은 사실상 무의미하다. 대신 '내가 윌의 부모라면, 존엄사를 지켜봐야 하는 입장이라면?' 하는 생각은 어떨까.

아마도 윌과 루이자의 엄마와 같은 자리에 설 것 같다. 비록 내 아이가 손가락 하나 까딱할 수 없다고 해도 우리는 존재의 의미를 갖고 새로운 삶을 꿈꾸고 이룰 수 있다고, 질질 울면서 죽음이 아닌 삶을 선택하자고 매달릴 것이다.

하지만 나의 아버지라면 윌과 루이자의 아빠와 같은 길에 있을 것만 같다. '이렇게 사는 것도 괜찮을 수 있겠죠. 하지만 내 인생은 아니에요.'

라는 생각을 가진 아들, 윌 트레이너의 손을 잡고서 마지막 순간까지 서로의 체온을 전하는 무뚝뚝한 아버지 말이다. 무심한 듯 묵묵히 가정을 지키던 내 아버지의 모습이 더해져 아무런 논거 없이, 엄마와는 다른 아빠의 모습으로 받아들인다.

어쩌면 내가 닮고 싶은, 되고 싶은 아빠의 모습이라는 것이 솔직한 표현일지도 모르겠다.

〈꿈과 5억 원〉이라는 제목의 동영상이 화제가 된 적이 있다. 앞으로 살 날이 1년밖에 남지 않았다면, 당신의 '꿈을 이루는 것'과 '5억 원' 중에 무엇을 선택하겠냐는 질문을 고등학생 자녀들과 아빠들에게 했고, 그에 대한 답을 잔잔하고 뭉클하게 담아낸 영상이다.

자녀들은 학교 운동장에 농사짓기, 만수르와 결혼하기, 세계일주 떠나기, 롤스로이스 타기 등과 같은 자신의 꿈을 말하며, 아무리 5억 원이라는 금액이 크더라도 자신의 꿈을 이루는 것만큼의 가치는 없다고 했다.

반면 아빠들은 5억 원을 택해서 자식을 위해 남겨주고 싶다고 했다. 이것이 어찌 엄마가 아닌 아빠만의 마음이겠냐 만은 아빠의 진심인 것은 확실하다. 때로 무정하고 주로 무심한 사람이라 보여지더라도 자녀를 위해, 가족을 위해 인생을 거는 것이 아빠라는 존재니까.

5억 원을 선택하는 아빠들의 모습에 감동하고 눈물을 찔끔거리다가, 그들이 말한 꿈을 살짝 들여다본다. 아들과 배낭여행 가기, 근사한 곳에서 가족과 외식하기, 가족과 여행하기, 그림 같은 집을 짓고 사랑하는 가족과 행복하기 등 가족과 함께하는 생활이 대부분이다.

가만 보니 자녀들의 꿈은 준비를 통해 미래에 성취하는 것임에 반해, 아빠들의 꿈은 미래의 것이 아니라 당장 실천하면 누릴 수 있는 것이다. 비록 함께 가는 여행지가 해외가 아니라 가까운 공원이 될지도 모르고, 외식하는 곳이 호텔 레스토랑이 아니라 골목의 숨은 가게가 될지도 모르지만, 자녀들과 함께 우리만의 시간을 공유하고 추억을 만드는 꿈은 오늘도 실천할 수 있다.

아차, 학원시간에 쫓기는 아이들의 일정에 시간을 맞추기가 어려울지도 모르겠다.

평생 사랑받을 권리 vs
평생 사랑할 의무

 〈내 아내의 모든 것〉 2012, 감독 민규동

첫째 아이가 태어나 다섯 살이 되던 해, 나는 잘 다니고 있던 회사에 육아휴직을 신청했다.

지금이야 용기 있고 지혜로운 행동이라고 말하는 이들이 많지만, 당시에는 남자가 육아휴직을 한다는 말을 그대로 믿는 사람은 거의 없었다. 심지어 나 자신도 믿고 싶지 않았으니까.

그렇게 결혼과 육아의 치열한 현실에서 작은 탈출구를 찾아가던 내게 한 줄기의 빛과 한 모금의 샘물이 나타났으니, 이는 다름 아닌 민규동 감독의 〈내 아내의 모든 것〉이라는 영화다.

낯선 땅, 일본의 어느 식당에 한 여인이 홀로 앉아 있다. 정갈하게 놓인 음식을 젓가락으로 집는 순간, 그릇과 식탁 심지어 건물이 통째로 흔들린다. 당황하고 놀란 그녀는 밖으로 뛰쳐나가고, 침착한 현지인과 달리 눈에 띄게 어쩔 줄 몰라한 덕에 한 남자를 만나게 된다.

이국에서 만난 두 남녀는 함께 여행을 가고, 사진을 찍고, 밥을 먹고, 일상을 공유하며 같은 추억을 만들어간다. 결국 그 남자 두현이선균과 그 여자 정인임수정은 한국으로 돌아와 결혼을 하고 부부가 된다. 하지만 예상하지 못한 상대의 변화에 남편의 얼굴도 아내의 얼굴도 그리고 그들의 생활도 모두 일그러진다.

특히, 남편 두현은 아내 정인을 사랑스럽고 요리도 잘하는 매력적인 여자가 아니라, 불만과 불평을 쏟아내는 거친 아내로 생각한다. 신문 구독을 두고 아침 일찍 배달원과 목청껏 다투는 아내가, 거실에서 거침없이 옷을 갈아입고, 화장실에서 일을 보는 남편 앞에 서서 일상의 부조리를 쉴 새 없이 말하는 아내가, 두현은 민망하고 거북하다.

이런 감정에 휩싸인 두현은 더 이상 참지 못하고 전설의 카사노바인 성기류승룡를 찾아가 자신의 아내인 정인을 유혹해달라고 간청한다. 이렇게 울분을 토하면서 말이다.

"오죽하면 이러겠어요. 처음 그녀는 조용했고, 수줍어했고, 미소를 지었으며……. 이렇게 될 줄 몰랐어요. 전 피해자라고요."

***

나의 이야기다. 9년 전, 나는 맑은 눈처럼 반짝이는 12월의 신부와 후쿠오카 공항에 도착했다. 현지인에게 지도를 보이며 길을 묻고, 지하철과 버스를 번갈아 타며 도시 곳곳을 기웃거렸다. 길을 잃으면 잠시 멈추어 쉬기도 하고, 헤매다 우연히 관광지를 찾고는 손뼉 치며 기뻐하기도 했다. 옆자리의 음식을 보고 주문한 일본 라멘에 간장이 듬뿍 담겨 나와도 우리는 당황하지 않고 웃었다.

토토로와 유리인형이 가득한 상점에서는 하나씩 꼼꼼히 살펴보며 서로의 취향을 확인하고 기억하려 했다. 저녁이 되어서는 뜨끈한 노천탕에서 몸을 녹이며 '변치 않고 함께할 우리의 5년, 10년 그리고 영원'을 이야기했다.

두 달 후, 산전검사를 하러 부인과를 찾았다. 그런데 성미 급한 아이가 벌써 아내의 뱃속에 자리 잡았다는 소식을 들었다. 갑자기 사라진 신혼기간이 아쉬웠지만, 아내는 아이의 탄생을 기다리며 손수 바느질을 해 배냇저고리와 인형을 만들었다. 출산 준비물과 육아에 대한 정보도 챙겨 보았다. 하지만 먹고, 자고, 싸는 모든 것을 울음소리 하나로 표현하는 아기와 같은 공간에서 온종일 보내는 것의 현실은 이론과 완전히 다르다는 것을 우리는 전혀 예상하지 못했다.

물론 나는 임신, 출산 여부와 상관없이 한결된 모습으로 가족의 경제를 책임지겠다는 마음을 가지고 있었다. 빠른 시일 내, 집 장만을 하겠다는 목표를 갖고 열심히 야근을 했다. 피곤했지만 나는 가장이라는 책임감과 희생정신으로 똘똘 뭉쳐, 주말만은 가족과 함께한다는 마음으로 출산 전부터 해왔던 청소 외에 아이의 목욕과 식사를 도왔다. 하지만 아내는 퉁명스럽다가 점점 더 예민해졌으며 급기야 무서워졌다. 그래서일까? 나는 자신을 피해자라 말하는 두현에게 묘한 동질감을 느꼈다.

그런데 정인은 왜 변하게 되었을까?

영화에서는 어떤 계기로 정인이 여자에서 아내로 변했는지가 자세히 묘사되지 않는다. 남녀가 결혼을 하고 시간이 흐르면 환경이 변하고, 그에 따른 기대 역할도 변하면서 발생하는 자연스러운 현상일지도 모르겠다.

그렇게 믿고 싶다. 내 아내의 변화도 그런 시간의 흐름에 따른 현상으로 내가 어찌할 수 없는 것, 나로 인한 것이 아니었으면 하는 마음으로 말이다. 하지만 인과응보라는 말처럼 원인 없는 결과가 있으랴.

아이가 태어나면서 아내의 일상은 변했다. 지각을 면하기 위해서는 늦어도 8시 전에 회사로 향하는 버스를 타야 한다. 그러려면 7시 50분까지 아이를 어린이집에 맡겨야 한다. 또 그러기 위해서는 6시 전에 일어나 세안을 하고 화장을 하고 날씨를 살피고 외출복을 선택한 후, 아직 눈도 뜨지 않은 아이의 등원을 재촉해야 한다. 어둡고 추운 겨울이나 새벽부터 빗줄기가 쏟아지는 여름날이면 이는 풀기 어려운 기하학 문제가 된다.

겨우 출근해 업무와 아이 걱정을 오가다보면 서류는 쌓였는데 벌써 퇴근시간이다. 상사와 동료의 눈치를 보며 살며시 그리고 재빨리 빠져나와 가까스로 저녁 7시에 어린이집에 도착한다. 이때부턴 홀로 남아있던 아이의 눈치를 봐야 한다. 급히 돌아와 씻기고 식사를 준비해 밥을 먹이고 나면 아이와 함께 책 한 권 읽을 시간, 오늘의 작은 일상을 이야기할 여유조차 없다. 이런 육아의 현실에 살면서 어찌 변하지 않을 수 있을까?

이렇게 아내의 생활을 가감 없이 볼 수 있게 된 것은 육아휴직을 하고서부터다. 아이를 봐달라는 아내의 말에 만화영화를 보여주며 한 걸음 물러나 휴대폰을 만지며 가끔씩 아이를 지켜보던 내가, 하루 종일 아이와 함께 생활하게 된 것이다. 무엇이든 흘리는 아이 덕에 닦고, 또 닦아야 했던 나는 '잠자는 아이가 가장 예쁘다'는 엄마들의 진심도 체득하게 되었다. 그제야 '아내는 왜 변했을까?' 하는 나의 물음 뒤에 숨어 있던, '남편, 너는 왜 변하지 않는 거니?' 하는 아내의 한숨이 들리기 시작했다.

✳✳✳

강릉으로 이주한 아내 정인은 사람들과 교류를 시작하면서 다시 변한다. 라디오 방송에 참여해선 삼겹살집 간판의 웃는 돼지를 동족을 팔아먹는 나쁜 녀석이라며 거침없이 말하고, 두현 덕에 우연한 만남이 잦아지는 카사노바 성기와는 이야기를 나누며 미소 짓기도 한다. 점점 자신감을 찾아가는 정인의 모습에 두현은 점점 위축되고 조급해진다. 혹여 아내가 자신을 떠나 다시는 돌아오지 않을지도 모른다는 두려움에서 말이다. 그런 두현에게 성기가 제대로 한 방 먹인다.

"난 누구 마누라로 취급받던 사람을 원래대로 한 여자로 되돌렸던 것뿐이야!"

두현의 당황하는 모습이 참 이율배반적이라고 여기다가, 나도 그런 남편에 속하는 족속이라 마냥 비난만 하기엔 많이 찔린다. 아내가 다시 여자로 변하는 모습을 보며 그녀가 정말 나를 떠날지도 모른다는 생각을 하는 남편이라면, 그동안 아내에 대해 저지른 자신의 잘못을 이미 알고 있었기 때문일 것이다.

다행히도 이 영화는 홀아비가 될 위기에 빠진 보통의 남편들에게 아내와 가늘어진 인연의 끈을 다시 함께 묶어갈 방법을 정인의 목소리를 통해 알려준다.

"살다 보면 말이 없어져요. 한 사람과 오래될수록 더 그렇죠. 서로를 더 안다고 생각하니까, 굳이 할 말이 없어지는 거예요. 근데 거기서부터 오해가 생겨요. 사람 속은 모르는 거잖아요. 그러니까 계속 말하세요. 침묵에 길들여지는 건 정말 무서운 일이에요."

결혼 1년이 지난 부부에게 가끔 찾아오던 침묵은 2년이 지나고 3년이 지나면서 종종 오게 되고, 두현과 정인처럼 결혼 7년 차가 되면 거의 동거인 수준에 이른다.

게다가 출산과 육아가 시작되면 모든 관심사가 아이들에게 맞추어지게 되는데, 웃을 일도 울 일도 모두 아이들이 중심이다. 아내에 관한 이야기는 아이들의 잘못에 대한 책임 문제가 생겼을 때만 이루어진다. 그런 아내는 아이들 친구의 엄마는 만나지만 정작 자신의 친구를 만날 여유를 갖지 못한다.

이렇게 변화무쌍한 결혼생활을 누가 예상이나 했을까? 그래서인지 '투박하고 거칠었지만 끊임없이 자신을 토로했던 정인의 속마음에 두현이 귀 기울였다면 어땠을까?' 하는 아쉬움이 든다. 이혼을 앞둔 두현이 정인에게 새로이 깨닫게 된 진심을 고백하는 장면에서 특히나 그랬다.

"너무 그립더라. 네 목소리. 옛날에 네가 투덜대던 거 정말 창피했는데, 그거 네가 외로워서 그랬던 거 몰랐던 거야. 내가 외로워 보니까 알겠더라고."

두현은 집을 소중하다고 여겼다. 지진과 같은 외부 환경으로부터 가족의 안전을 도모하는 집을 지으려 했다. 하지만 그 집에서 어떻게 생활할 것인지에 대해선 무관심했다. 강릉으로 이주한 첫날 저녁, 두현은 은근히 정인에게 서울로 돌아갈 것을 권했다. 사람이 없으면 자신이 지은 그 집이 상하게 된다고. 그때 정인은 분명히 말했다.

"집이 소중한 것이 아니라 가정이 소중한 거지. 사람이 살고, 음식 냄새나고, 음악이 흐르고, 결국 행복이 가득한 곳. 근데 자기 속엔 집 밖에 없어. 그 집에 아무것도 없다고."

이 말을 들은 두현은 '아내가 또 투덜거리는구나' 하며 스쳐 지났다.

나는 지금도 경제적인 여유로움을 마련하는 것이 남편이자, 아빠의 대표적인 역할이라고 생각한다. 기본적인 생활을 영위할 경제력이 부족하다면 아내와 아이들을 더 불행하게 만들 수도 있다.

하지만 어느 정도가 기본적인 생활인지에 대해선 여러 가지 의견이 있을 수 있다. 개인마다, 가족마다 그 범위가 다르다. 그럼에도 여기에 대해서 나는 아내의 생각을 확인한 적이 없다. 어느 정도의 경제적 풍요를 생각하는지, 가정을 가꾸는 방법으로 우리가 무엇을 선택할 수 있는지에 대해서 말이다.

그동안 아내는 수차례 위험신호를 보냈을 테지만, 아둔한 나는 알아채지 못했다.

다행인지 불행인지, 나는 결국 육아휴직이라는 선택지를 고르게 되었다. 오롯이 육아에 집중할 수 있는 이 시간은 분명 아이와 아내 그리고 나에게 소중하고 값진 시간이었다. 그리고 1년 동안 이전으로 돌아가지 않기 위해 지속 가능한 우리만의 육아법을 찾으려 했다.

그 시작으로 육아서를 뒤적이는 대신 아내의 목소리에 귀 기울이기로 했다. 아내와 엄마가 되기 전 존재했던 한 사람이 자신의 빛을 잃지 않도록 자세히 들여다보기로 한 것이다. 서로 다른 생각과 갈등도 외면하지 않고 담담히 주고받으면서 말이다.

얼마 전 칠순 잔치에 참석해 세 딸을 시집보낸 어르신을 만났다. 나의 두 딸을 보시고는 먼 미래를 대비해 사위를 길들이는(?) 팁이라며 자신의 경험담을 이야기했다.

인사를 하러 온 예비 사위에게 대뜸 "결혼이 무엇이라고 생각하냐?"고 물었다고 하셨다. 어르신이 잠시 숨을 고르는 사이, 질문을 들은 나는 예비 사위가 된 듯 순간 멍해졌다. '그러게 도대체 결혼이 뭘까?' 한마디 한마디 힘을 주어 말하는 어르신의 목소리가 들려왔다.

"결혼을 하면 아내는 남편으로부터 평생 사랑받을 권리가 생기고, 남편은 아내를 평생 사랑할 의무가 생기는 것이야."

미래의 딸과 사위 대신 오늘의 아내와 내가 보인다. 엄마와 아빠의 사랑을 받으며 귀하게 자란 아내가 결혼의 의무를 망각한 나로 인해 당연한 권리조차 누리지 못한 것 같아 미안하다. 쑥스러워 목소리가 작아지고 몸이 배배 꼬여 움츠러들지만, 풋풋한 두현이 상큼한 정인을 처음 만나 건넨 설렘을 전한다.

"이런 미인을 만나게 되어 영광입니다. 제가 밥 사줄게요."

결혼 10년 차 남편의 뒤늦은 고백을 덧붙인다.

"오늘은 내가 아이들과 있을 테니, 온종일 외출해. 뮤지컬을 봐도 좋고 친구들과 여행을 가도 좋아. 대신 꼭 다시 돌아오는 거, 알지?"

드디어,
삶의 롤모델을 찾다

 〈님아, 그 강을 건너지 마오〉 2014, 감독 진모영

어제도 아내와 다퉜다. 우리 부부에게 종종 일어나는 갈등은 아이를 양육하는 방법의 차이이기도 하고, 가사를 누가 얼마큼 하느냐에 대한 오해 때문이기도 하다.

　이럴 때면 인생의 선배에게 조언을 구하기도 하고, 전문가로부터 해법을 얻고자 책과 강연을 살펴보기도 하지만, 나에게 꼭 맞는 답을 찾기란 쉽지 않다. '롤모델이 있다면 얼마나 좋을까?' 하고 생각한다. 그를 쫓아 걸어간다면 육아의 무게와 갈등의 상처를 훨씬 더 줄일 수 있을 텐데 말이다.

　그러다 우연치 않게 지난 10년간의 방황과 기다림을 종식시키는 사부를 만났다. 노부부의 일상을 다룬 〈님아, 그 강을 건너지 마오〉라는 영화에서다. 98세 조병만 할아버지와 89세 강계열 할머니가 출연하는 이 영화는 그들이 함께 살아가는 봄, 여름, 가을, 겨울을 펼쳐 보인다. 무려 76번이나 함께 보낸 사계절에서 쌓인 삶의 내공 또한 자연스레 드러난다.

바람이 지나고, 강아지가 짖고, 처마를 따라 떨어지는 시원한 빗소리가 있는 시골 풍경이 시작되자, 잠시 단조롭진 않을까 걱정했다. 하지만 나의 선입견은 10분도 채 버티지 못했고, 노부부가 일구는 생활과 시공간에 퐁당 빠져들었다. 밥을 먹고, 산책을 하며, 병원에 가고, 앞뜰을 청소하는 반복되는 일상에서도 아내를 미소 짓게 하는 조병만 할아버지에게서 내가 찾던 매력적인 남편의 모습을 보게 되었다.

첫째, 낙엽 던지기

노부부가 딸의 집을 방문하느라 며칠 집을 비운 사이 앞마당엔 낙엽이 한가득 쌓였다. 온전히 둘이서 치워야 한다. 싸리비로 낙엽을 쓸면서 "아이고, 힘들어." 하는 아내를 본 할아버지는 "내가 다할게." 하며 남자다운 모습을 보인다. 근육이 낙엽처럼 떨어져 버렸는데도 말이다.

차근차근 낙엽을 모은 후, 갑자기 허리를 숙인다. 두 팔을 벌려 한아름 낙엽을 집어서는 아내에게 던진다. 놀란 할머니는 할아버지에게 던지고, 할아버지는 다시 할머니에게 던진다. 주고받던 낙엽이 미소로 바뀌는 순간이다.

98세 어르신의 급작스런 애정 표현이 당황스럽기도 하지만 방긋방긋 웃는 할머니를 보니 취향 저격임에 틀림없다. 섹시한 남자의 절대 조건은 세대에 관계없이 역시 유머 있는 남자인 모양이다.

둘째, 소식小食하기

여인이라는 말이 어색한 14살 소녀와 인연을 이루기 위해 청년은 처가라 불리는 집에 가서 일하고 또 일하고 또 또 일한다. 어린 아내가 성장해 독립할 때까지 처가에서 정말 힘들게 일했다고 기억하는 할아버지에게, 할머니는 그래도 우리 집에 와서 밥은 굶지 않았다고 핀잔을 준다. 그러고 보니 그녀는 어려서부터 그의 끼니를 챙겼다. 무려 83,220번이나.

그가 하루 세 끼 빠짐없이 식사를 할 수 있었던 비결은, 할머니가 한 번도 곰탕을 끓이고 긴 외출을 하지 않은 이유는, 바로 할아버지가 반찬 투쟁을 하지 않았기 때문이다.

할머니는 할아버지의 식습관을 그저 맛있으면 많이 먹고, 맛없으면 소식한다고 했다. 아내가 차려주는 밥상은 무엇이든 언제나 맛있다는 진리를 몸소 실천하셨다. 물론 아내의 음식이 남편의 입에 맞지 않을 때가 있었을 터다. 하지만 이는 종종 건강을 위해 소식을 해야 할 시기가 찾아왔음을 뜻하는 것뿐이다.

셋째, 노란 상의, 파란 하의로 패션을 완성하기

남녀가 만나 연인이 되고, 그 시작을 알리는 장치 중 하나가 커플 옷입기다. 하지만 100일, 200일에서 1년, 2년으로 셈법의 단위가 변하기 시작하면 각자의 개성을 존중하는 패션으로 되돌아가기 마련이다. 결혼을 하고 아이들이 태어나면 가족사진을 찍고 함께 입을 셔츠를 사기도 한다. 하지만 이 또한 일상이 아니라 기념일을 위한 것이 대다수다.

그런데 노부부는 매일매일 커플룩이다. 노란 저고리에 분홍 치마, 하얀 저고리에 파란 치마, 때론 올 분홍을 입은 할머니와 깔맞춤을 하는 할아버지의 패션은 단순히 과감하다는 표현을 넘어 천연색을 피부로 가져온 듯 자연스럽다.

더욱이 결혼식 때 입고는 1년에 한 번이나 입을까 말까 하는 한복을 입고서도 풍경 속 인물이 되는 모습을 보면 그저 신기할 따름이다. 신발, 장갑, 귀걸이처럼 함께 있음으로써 진정 하나의 존재가 되는 것이다. 강렬한 색상과 깨끗한 옷감으로 부부의 존재를 표현하는 담대함이 100일 된 커플보다 강렬하다.

넷째, '호'하고 말하기

평상시 남편이 아내에게 자주 하는 말을 무엇일까?

밥은? (먹었나요? 남았으면 줄 수 있나요?) 아이들은? (자나요? 숙제는 다 했겠죠?) 야근이야! (그러니 오늘도 가사와 육아는 당신이 맡아줘요!) 정도가 아닐까? 그러면 아내가 남편에게 듣고 싶은 말은 무엇일까? 모르긴 해도 분명히 남편이 아내에게 자주 하는 말은 아닐 테다.

앞마당 평상에 노부부가 나란히 앉았다. 할머니가 옷을 걷어 무릎을 보인다. "할아버지는 몰랐죠? 나 여기가 아파요." 하는 할머니의 말이 끝나기 무섭게 할아버지의 주름진 손은 할머니의 무릎으로 향한다. 곧이어 허리를 숙여 "호~" 하고 치료한다.

여의치 않자, 함께 병원으로 향한다. 할아버지는 버스를 타기도 전에 숨이 차올라 주저앉아 쉬어야 한다. 집에 가서 쉬라는 아내의 권유도 있지만 아랑곳하지 않고 묵묵히 곁을 지킨다. 병원에 도착해 할머니가 치료를 받는 동안 의사 선생님에게 살살해달라는 부탁을 하지 않았다며 할아버지를 타박하지만, 그는 가만히 아픈 아내의 손을 잡는다. 앙상하지만 든직한 남편이다.

다섯째, 화장실 옆에서 노래 부르기

사찰에 딸린 화장실을 해우소解憂所라 한다. 근심을 푸는, 번뇌가 사라지는 곳이라는 뜻이란다. 그런데 추운 겨울밤 집 밖에 있는 화장실에 가야 한다면 오히려 근심스러운 곳이라 하겠다. 어둠이 짙은 시각에 작은 짐승소리, 지나는 바람소리에도 온몸이 움츠러드는데, 생리적 현상 또한 거부할 수 없으니 이런 난감함이 또 있을까.

이때 지혜로운 할머니는 할아버지 찬스를 사용한다. "내가 무서워서 그래요. 노래를 불러줘요." 하는 아내의 애교를 들은 98세 남편은 지난 세월을 꾹꾹 눌러 노래에 담는다. "총각 도련님 가자고 할 적에 왜 못 따라갔나." 하고. 아내가 화장실을 나온 뒤에도 남편은 한참 서서 아내의 지난 외로움을 달래주었다.

여섯째, 밥상 차리기

할아버지는 홀로 상을 차리지 못한다고 했다. 할머니가 자신이 모두 챙겨줘야 한다고 푸념하던 어느 날, 할아버지가 쌀을 씻고 밥을 하고 찬을 덜어 접시에 담는다. 화려한 요리가 상에 오른 것은 아니지만, 할머니가 전혀 예상하지 못한 이벤트임엔 틀림없다.

언젠가 밥을 함께 먹는 것은 영혼을 나누는 것이라는 말을 들은 적이 있다. 오롯이 그 사람을 생각하며 음식을 준비하고, 함께 밥을 먹고, 시간을 공유한다는 것은 생각만으로 뿌듯하다. 게다가 그것이 상대의 편견에 도전해 이루어낸 것이라면 감동은 더할 것이다. 가끔 아내와의 역할 바꾸기를 통해 반전을 선물할 수 있다면 아내는 놀라서도 웃을 것이다.

일곱째, Love is Touch

사랑의 완성은 뭐니 뭐니 해도 터치Touch가 아닐까. 비틀즈의 멤버, 존 레논은 그의 노래 〈Love〉에서 사랑을 이야기했다. 사랑은Love is 'Real'이라고 했다가 'Feeling'이라고도 했으며, 마침내 사랑은Love is 'Touch'라고 했다.

흐르는 시냇물소리를 들으며 산책할 때도, 먼저 떠난 자식들의 내복을 사러 시장에 갈 때도 남편은 아내의 손을 잡고 발걸음을 맞춘다. 꽃을 꺾어 아내의 볼에 문지르고 귀에 꽂기도 하고, 잠든 아내의 얼굴을 보며 조심스레 어루만진다.

가끔 손을 잡고 길을 가는 백발 커플을 보면 저렇게 늙어가고 싶다는 생각을 한다. 9살, 3살 아이들의 손을 잡고 외출하는 것이 일상이 된 요즘, 가끔 아내의 손을 잡고 걸으려면 어색해 손가락이 오징어가된다. 아내와 다투고 삐치고 오해해도, 언제나 스스럼없이 손잡을 수 있다면 금세 사랑으로 돌아올 텐데……

✳✳✳

일상에서 아내와 함께 슬픔과 기쁨의 체온을 나눈 남편의 사랑은 어떤 결과를 가져왔을까?

76년간 진화하는 맞춤형 애교와 거부할 수 없는 건강한 삼시 세끼, 앙상해진 몸을 깨끗이 씻겨주는 따뜻한 손길, 강을 건너려는 남편이 무거울까 걱정되어 헌 옷과 새 옷을 나눠서 태워주는 배려, "나하고 같이 갑시다. 할아버지하고 손을 잡고 같이 다리 너머 재를 넘어가면 얼마나 좋겠어. 이웃사람들도 다 손을 흔들어주고, 나도 잘 있으라고 손을 흔들어주고. 이렇게 갔으면 얼마나 좋겠어." 하는 간절한 기도, "너무 불쌍하다. 세상 불쌍해 죽겠네. 할아버지 생각을 누가 하나. 나 밖에는 할 사람이 없는데." 하며 결국 먼저 강을 건넌 남편을 생각하는 오직 한 사람, 마지막 한 사람이 되어주는 아내가 있다.

노부부의 행동과 일상을 보면 남편과 아내의 사랑에서 선후관계나 인과관계를 단정하는 것이 의미 없기도 하지만, 할아버지의 매력적인 행동이 그들의 사랑을 깊어지고 넓어지게 했으리라는 생각에는 이론이 없지 않을까 한다.

사실 나는 육아와 가사에 관한, 일과 가정의 양립에 대한 롤모델을 찾고 있었다. 하지만 조병만 할아버지를 본 순간, 내게 진짜 필요한 것은 아내를 향한 남편의 역할을 멋지게 해내는 롤모델이었음을 알았다. 아이가 하나둘 생기면서 부부 공통 관심사의 8할, 아니 9할이 자녀에 관한 것이다. 웃는 이유도 다투는 이유도 대부분 그 때문이다.

그런데 10년이 지나고 또 10년이 지나면 정작 내 곁에 남을 사람이 누구인지 생각해본다. 노부부에게도 명절과 생일에 찾아오는 자식들이 있었다. 하지만 그들의 삶의 풍경은 부모의 것과는 달랐다. 아무리 자식을 위해 애를 쓴다지만 모두 각자의 삶이 있는 것이다.

이제 나는 아내를 생각한다. 맞벌이인 우리는 육아와 가사에서 공정하지 못하다. 알게 모르게 아내에게 무게추가 기울어져 있다. 가만 보니 육아와 가사에서 아내가 싫어하거나 부담스러워하는 것이 있다. 예를 들어 화장실 청소와 걸레 빨기, 어린이집 선생님과 소통하는 알림장 기재 등이 그렇다. 우선 아내가 거북해하는 부분을 내 것으로 가져오기로 한다.

그녀는 드라마를 즐긴다. 아이들이 잠들고서야 비로소 찾아오는 짧은 자유시간을 즐기는 취미가 드라마 시청이다. 특히 〈태양의 후예〉, 〈도깨비〉 등을 쓴 김은숙 작가의 작품과 〈셜록〉 시리즈를 찾아본다. 뉴스에서 드라마로 관심사를 넓혀 부부의 이야기를 하기도 하고, 지독하게 어색하지만 드라마 속 장면을 흉내 내며 아내의 웃음을 자극해보려 한다.

옷에 대한 취향이 너무 달라 커플룩은 어렵다. 신혼엔 같은 옷을 사기도 했고, 다른 옷을 같은 시기에 사서 우리만의 커플룩이라고 칭하기도 했지만 점점 희미해진다. 대신 주말 나들이 때에 신을 운동화를 깔맞춤 하기로 한다.

　가족의 옷, 신발에서부터 식료품 등에까지 무수히 많은 쇼핑을 해야 하는 살림꾼인 아내에게는 결정 장애가 있다. 아마도 소득 수준에 맞는 적절한 소비를 생각하기에, 가격 대비 더 좋은 성능을 찾기에 나타나는 현상인 것 같다. 이런 아내를 위해 그녀를 위한 쇼핑은 내가 직접 지르기로 한다. 이번엔 귀걸이다.

　아~ 또 뭐가 있을까?

　나의 롤모델이 말씀하셨다.

　"꽃이고 나무고 사람과 똑같아요. 봄이면 퍼가지고, 여름 내내 비 맞고 살다가, 가을에 서리가 내리면 떨어지지. 사람도 그것과 한 가지에요. 처음에 어렸을 때는 꽃송이가 생겨 가지고 핀단 말이에요. 나이가 많아지면 오그라들고 떨어져요. 떨어지면 헛일이야."

　떨어지기 전에 마음껏 사랑하기로 한다.

아이를 키운다는 것의
무거움, 혹은 가벼움

 〈칠드런 오브 맨〉 2006, 감독 알폰소 쿠아론

어린 둘째와 놀이터를 찾았다. 기저귀 덕에 한껏 부푼 엉덩이로 뒤뚱뒤뚱 걷는 아이, 조그마한 손을 뻗어 엄마의 손가락 하나를 잡고는 미끄럼으로 가는 아이, 이제 막 청소를 마친 거실인 양 놀이터 바닥에 앉아 고무 딱지를 쳐대는 아이, 숨넘어갈 듯 다급한 호흡에 "꺄악!" 하는 고성을 곁들이며 술래잡기하는 아이들이 올망졸망 모여 있다. 그네와 시소를 오가던 둘째가 갑자기 언니와 오빠들의 뒤를 쫓아다닌다. 부딪혀 다칠세라 나도 함께 다녔더니 금세 지친다.

벤치에 앉아 물을 한 잔 들이키며 놀이터를 바라본다. 내 추억 속의 놀이터엔 아이들로 넘쳤는데, 이곳엔 아이들이 줄었고 그 자리를 부

육아살롱 in 영화, 부모 3.0

모들이 채웠다. 딱히 약속을 하지 않아도 형들과 친구들이 모여 있었고 해질 때까지 아니 엄마의 목소리가 날카롭게 퍼질 때까지 놀았었는데……

이제는 덥거나 추워도 갈 수 있는 실내 놀이터가 생기고, 박물관이나 전시관으로 체험학습을 가고, 영어나 수학을 배우러 학원도 가야 하는 바쁜 일정에 실외 놀이터를 방문할 여유가 없기도 하겠지만, 놀이터에서 아이들의 소리가 줄어드는 것이 현실이라는 것은 분명하다.

2015년을 기준으로 우리나라 출산율이 1.24명이라고 한다. 굳이 어렵게 통계 자료를 찾지 않더라도 주위를 둘러보면 자녀가 한 명인 가정이 많다. 3남매인 아내도 그렇다. 처형과 처남의 자녀는 각각 1명씩이고, 아내만 2명이다. 3쌍 중 2쌍이 1인 자녀를 두고 있다는 것이다.

소위 저출산이라 불리는 이런 현상은 우리 사회의 생산인구 감소는 물론이고, 그로 인한 크고 작은 문제들을 가져온다. 사회 지도자가 되겠다는 사람들이 저출산 대책으로 번듯한 공약을 내세우고 정부에선 매년 강화된 대안을 추진하지만, 출산율은 좀처럼 높이질 기미가 보이지 않는다.

통계청이 발표한 '장래인구추계2015~2065년'에 따르면 2115년에는 우리나라 인구가 절반으로 줄어든 2,581만 명이 된다고 한다. 다시 100년이 지나면 어떻게 될까?

강력한 지진으로 원자력 발전소가 폭발하고 방사능이 유출되지 않더라도, 쓰나미가 몰려와 삶의 터전을 쓸어버리지 않더라도, 지구온난화가 심화되어 만년설이 녹고 북극곰이 먹이를 찾지 못하는 것과 같은 생태계의 파괴가 일어나지 않더라도, 공상과학의 단골 소재인 외계인이 지구를 침공하지 않더라도, 우리 인류는 출산을 하지 않음으로 자연스레 종말을 맞을지도 모르겠다.

영화 〈그래비티Gravity〉로 유명한 알폰소 쿠아론 감독이 세계 모든 여성이 임신할 수 없는 상황을 설정해 인류 종말을 다룬 영화가 있다. 2006년 제작되어 10년 후인 2016년에서야 국내에 상영된 〈칠드런 오브 맨Children of men〉이 그것이다.

서기 2027년 영국 런던, 원인을 알 수 없는 불임이 지속된다. 그 가운데 2009년에 태어난 만 18세의 디에고라는 세상에서 제일 어린 소년의 사망 소식으로 영화는 시작한다. 폭동과 테러가 일상화된 세계에서 유일하게 군대가 유지되는 곳이라지만 사회가 혼란스럽기는 마찬가지다. 비도 오지 않는 맑은 대낮에 복면을 쓴 남자들이 큰길에서 사람을 납치해도 각자 갈 길을 재촉하는 행인들의 무심함이 전혀 어색하지 않다. 난민들이 넘쳐나고 이들의 편에 선 피쉬단은 정부군과 대립한다.

이런 혼란과 대립, 절망의 상황에서 흑인 소녀 '키'는 임신을 하게 된다. 자신의 아이를 잃고 삶의 이유와 의욕마저 떠나보낸 남자 주인공 테오도르 파론클라이브 오웬은 피쉬단의 수장인 전 부인 줄리엔줄리안 무어에 의해 '키'의 안전한 출산을 위한 '휴먼 프로젝트'에 참여하게 되는데, 그 과정을 흥미롭게 담아내고 있다.

영화 제목이 《Children of Men》임에도 등장하는 아이들은 거의 없다. 그렇다고 아이들을 출산하지 못하는 상황, 즉 불임의 원인에 대한 가정이나 그럴듯한 단서에 대한 제공도 없다. 이런 불친절함에 살짝 분노해볼까 하는 순간, '키'의 동행자인 간호조무사 밀리엄의 한마디가 퍽하고 치고 들어온다.

"놀이터의 소음이 사라지고 절망이 시작되었어요. 참 이상하죠. 아이들 소리가 없는 세상!"

여성이 임신하지 못하는 것이 환경 호르몬이나 특이한 바이러스의 출현 때문일 수도 있지만, 여러 가지 물리적 요인에 경제·사회적 요인이 더해지고 인간의 심리적 요인까지 똘똘 뭉친 것일지도 모른다. 어느 하나로 쉽게 설명되고 해결되지 않은 우리 사회의 여러 현상과 문제처럼 말이다. 어쨌든 아이들의 소리는 사라졌고, 그 세상은 절망이 되었다.

✳✳✳

　주말이면 가끔 두 딸과 공원에 간다. 함께 열심히 놀다가도 1시간이 지나면, 종종 남자아이들이 같이 어울리기라도 하면 나는 30분을 넘기지 못하고 지쳐 버린다. 그런 나를 대하는 녀석들의 목소리는 상냥하지도 다정하지도 않다. 놀이에 대한 절실한 갈망을 담아 "다신 아빠랑 놀지 않을 거야."라는 무섭고도 귀여운 다짐을 내뱉는다. 그럴 때면 녀석들의 협박이 현실이 되어 아이들의 소리에서 벗어났으면 하는 무서운 희망을 꿈꾼다.

　몇 해 전 고향에서 명절을 보내고 기차를 타고 귀성하던 때였다. 두 아이가 조용히 놀이를 한다거나 곤히 잠이라도 들었으면 좋으련만, 그런 로또 당첨과 같은 일은 내게 찾아오지 않는다. 게다가 겨우 말을 하기 시작했던 둘째는 대화가 아닌 울음과 악 쓰는 소리로 의사를 표현했던 시기라 언니와도 아빠와도 옥신각신한다. 그런 상황에 정신을 뺏긴 사이, 뒤통수 너머로 짧고 투박한 목소리가 울려온다.

　"거, 조용히 좀 시켜요."

　헉! 지루하지 않게 놀면서도 주위에 소음으로 피해를 주지 않으려 아슬아슬 줄타기를 했건만, 남의 속도 모르고 대뜸 시끄럽단다. 물론 우리가 보통사람의 허용 범위를 넘었기에 그랬겠지만, 아이를 가진 나의 입장은 허용의 폭이 조금(?) 더 넓다.

　그가 키다리 아저씨였다면 부드러운 말투로 "사람들이 함께 있는 곳에선 조금 더 조용히 이야기를 나누는 거야."라고 설명하며 아이들과 찡긋하며 눈인사를 나누어주었을지도 모르겠다. 하지만 그는 그냥 아 저씨였다. 그리고 나는 속 좁은 아저씨이기에 '내가 이러려고 아이를 낳아 키우나?' 하는 자괴감에 휩싸여 아무런 사과의 표시를 하지 않 았다.

이런 일을 경험할 때면 남의 아이라 생각하지 말고, 우리 사회의 미 래를 열어갈 모두의 아이라 여기고 관심을 가져주면 어떨까 하는 생각 이 짙어진다.

한 텔레비전 프로그램에서 직장 내 어린이집 설립에 대해 의견 수렴 하는 모습을 본 적이 있다. 직장 내 어린이집을 설립함으로써 그 부모 들이 느끼는 안정감은 효율적인 업무 처리로 이어져 회사의 이익 창출 에도 긍정적이라는 찬성 논리에, 영유아기를 지난 자녀를 둔 동료들도 함께 공유할 수 있는 것에 예산이 투자되어야 한다는 반대 논리가 눈 길을 끌었다.

혹 직장 내 어린이집이 내가 아닌 다른 동료와 그 아이들만 받는 혜 택이 아니라 우리의 미래를 열어갈 아이들에 대한 지원이자, 사회적 투 자라고 생각하면 어떠했을까?

저출산에 대해 쏟아지는 많은 지원책들에도 출산율 제고 실적이 미미한 것은 앞선 반대논리와 같은 사회의 시선도 하나의 원인이 아닐까?

정부에서도 언론에서도 이웃들도 저출산의 심각성을 말하지만, 출산과 육아에 관한 많은 문제들이 사회, 공동체가 아니라 아이를 키우는 엄마와 아빠의 개인 문제로 치환된다고 느끼는 것은 나만의 피해망상일까?

사실 나는 두 딸을 돌보는 것에도 허덕인다. 관심과 보살핌을 다른 집 아이들에게로 확장하는 것은 꿈도 꾸지 못한다. 나의 아이들이 다른 아이들과 부딪히거나 서로 상처 주는 일들이 있을 때면, 남의 집 귀한 자식을 함부로 재단하고 속단하던 행태를 아직도 벗어나지 못했으니 주제넘은 소리다.

이런 말을 하고 보니, '아이의 아빠가 된다'는 것의 의미가 무겁게 다가온다.

도대체 아빠에게 자식은 어떤 의미일까?

아빠가 된다는 것의 책임감은 생각보다 무겁다. 이른 출근과 늦은 퇴근에 머리카락은 점점 줄어들고, 주름은 계속 늘어나는 현실을 감수해야 한다. 아내의 외출에 온종일 아이를 돌보았지만 엄마가 돌아오면 쪼르르 그 품으로 달아나는 모습에 당황하기도 하고, 커가는 속도 그 이상으로 아빠와의 거리를 멀게 하는 아이의 모습에 삐치기도 한다. 그럼에도 불구하고 아빠의 자리를 지켜야 한다는 것은 종종 힘에 부친다.

　하지만 아빠이기에 누릴 수 있는 가벼움과 경쾌함이 있다. 따스한 햇살이 내리는 봄날, 길을 걷다가 짹짹이는 참새소리에 걸음을 멈추고 작은 입을 통해 알 수 없는 조잘거림과 해맑은 잇몸을 보이는 천진함, 모처럼 아빠가 끓여준 짜장 라면을 보고는 배달하는 아저씨가 가져다주는 것이 더 맛있다며 아빠를 요리로부터 해방시키는 솔직함, 목욕 중에 아빠 머리를 토끼로 만들어주겠다고는 머리 대신 얼굴을 감기고는 아빠의 처진 어깨를 토닥이는 엉뚱함을 겪으면 '비행기를 타고 해외를 가지 않고도 비싼 레스토랑에 앉아 고급 음식을 주문하지 않아도 우리는 함께 웃으며 살아있구나!' 하는 생각에 깃털처럼 가벼워 하늘로 오르는 충만함을 느끼기도 하니까 말이다.

***

　테오도르에게 아이는 그 이상의 존재였던 모양이다. 인플루엔자로 인해 아이를 잃고 자신의 힘으로 지킬 수 없었던 좌절감에 하루하루 살아가던 그가 무기력한 현실에서 벗어나 점점 미래를 향해 일어서는데, 이는 임신한 '키'와 그 아이를 안전하게 보호하기로 하면서부터다.

　그에게서 삶의 의욕과 존재의 이유를 잃게도 하고 되찾게도 하는 것은 다름 아닌 '아이'다. 나의 아이를 통해 잃어버린 것을 나의 아이가 아닌 인류의 아이를 통해 다시 찾게 되는 모습이 묘한 묵직함을 가져다준다.

이 외에도 테오도르가 '보통 아빠는 아니구나' 하는 생각을 하게 되는데, 바로 '키'의 출산 장면이다. 열악한 환경 속에서 알코올로 자신의 손을 소독하며 키에게 출산을 위한 호흡법까지 알려준다. 심지어 작은 배를 타고 미래호를 찾아가던 중 힘겨워 하는 아기 딜런을 보고는 키에게 딜런을 곧추 세워 트림을 시키라고 알려준다.

이런 그를 보고 있으면 왠지 아이에 관한 사랑과 관심 그리고 학습을 통해서 아빠도 엄마 못지않게 육아를 감당할 수 있을 것만 같다. 인류에게 새로운 희망을 안겨주는 테오도르가 키에게 마지막으로 남긴 말을 오늘을 살아가는, 특히 일과 가정의 양립 사이에서 고민하는 아빠와 엄마들과 함께 나누고 싶다.

"아이와 함께 있어. 떨어지지 마. 무슨 일이 있든, 사람들이 뭐라든 함께 있어!"

덧붙임

본 영화는 2027년을 가정해 2006년에 만들어졌어도 저출산 문제, 이민자와 난민 문제, 종교 대립이라는 오늘날 세계의 모습을 잘 반영하고 있다. 또한 많은 상징과 은유를 갖고 있어 이를 찾는 재미도 솔솔하다.

예를 들어 남자 주인공 테오도르의 이름은 테오(Theo)라는 라틴어로 신을 뜻하고, 키의 아이 딜란(Dylan)은 바다의 영웅, 파도의 신을 말한다고 한다. 인류의 불임 이유를 논하면서 "그건 모르겠고 황새 고기 맛있네요." 했던 남자 이야기(서양의 황새는 우리의 삼신할머니와 같음)의 의미가 무엇인지, 돈과 권력으로 미술품을 모으는 관료가 구하지 못한 미켈란젤로의 〈피에타〉가 영화의 종반 중 어디쯤 나타나는지를 찾아보길 바란다. 그래서 이 영화는 강취!

40대 아빠, 김씨 아저씨 편

▷ **생물학적 본능을 뛰어넘는 부성애**
〈허삼관〉 2015, 감독 하정우

▷ **부모 노릇은 독주가 아닌 협주**
〈더 디너〉 2015, 감독 이바노 데 마테오

▷ **부부는 클론이 아니다**
〈보이후드〉 2014, 감독 리처드 링클레이터

▷ **서양의 노파에게 동양의 고전을 배우다**
〈미세스 다웃파이어〉 1993, 감독 크리스 콜럼버스

▷ **남자에서 아빠로, 자기애를 넘어서다**
〈과속 스캔들〉 2008, 감독 강형철

생물학적 본능을
뛰어넘는 부성애

 〈**허삼관**〉 2015, 감독 하정우

현대 중국의 대표적 소설가 위화가 쓴《허삼관 매혈기》는 우리 가족 모두가 재미있게 읽었던 소설이다. 이 책은 국내에서 영화 〈허삼관〉으로 리메이크 되었는데, 그다지 흥행을 하지는 못했다.

소설 《허삼관 매혈기》에는 중국적 정서가 듬뿍 담겨 있기 때문에, 소설의 느낌을 그대로 담으면 국내 관객들에겐 뭔가 어색하게 다가온다. 그래서 영화는 이 이야기를 국적 불명의 시간과 공간 속에서 풀어내고 만다. 차라리 완전히 중국인의 정서, 애환과 해학을 살뜰하게 담아냈다면 오히려 흥행했을지도 모른다.

아무튼 흥행에 성공하지 못한 영화는 얼마 지나지 않아 다가오는 명절에 TV로 볼 기회가 많다는 경험칙에 〈허삼관〉도 부응하였다. 명절 안방극장에서 본 것만 해도 두세 번은 되었던 것 같으니 말이다. 영화에선 국내의 톱 배우인 하정우와 하지원이 주인공을 맡았다.

이 소설의 주인공 허삼관은 결혼을 하기 위해 또 가족 부양을 위해, 자신의 피를 뽑아서 팔곤 한다. 첫눈에 반했던 허옥란을 아내로 얻은 허삼관은 피를 팔아가면서 다복하게도 세 명의 아들을 두었다. 첫째 아들 이름은 일락이, 둘째는 이락이, 셋째는 삼락이다. 즐거울 락樂 자를 써서 아들들의 이름을 붙인 것만 봐도 허삼관의 아들 사랑을 엿볼 수 있다.

허삼관은 그중에서도 첫째 아들 일락이를 가장 아끼고 사랑했다. 결혼 후 십 년 가까이 열심히 살아오던 어느 날, 장남 일락이가 결혼 직전 허옥란이 불가피하게 가지게 된 남의 아이였음을 알게 된다. 그것도 자신이 잘 알고 있는 날건달 같은 하소용의 핏줄임을 알고는 분을 이기지 못한다.

중국인의 해학은 이때부터 시작된다. 주인공 허삼관은 모든 삶의 모습을 그대로 둔 채로, 장남 일락이의 존재만 자신의 일상에서 덜어내 버리려고 한다. 발단을 파헤치고 바로잡으려 하면서 울고불고하는 대신, 현재의 결과에서 일락이만 간단히 삭제하고는 나머지 삶을 천연덕스럽게 살아가고자 한다.

하지만 서서히 장남 일락이에게 향했던 그리고 켜켜이 쌓아 갔던 자신의 부정父情은 유전자로 구성되는 것이 아니라, 자신이 마음먹기 나름임을 깨닫게 된다. 그리하여 허삼관은 일락이를 다시 아들로 인정하게 되고, 영화는 해피하게 엔딩된다.

부성父性이란 '결심하는 그 어떤 것'임을 경쾌하고 해학적으로 그려내면서!

그런데 익살과 해학이 넘치는 〈허삼관〉 이야기는 독자와 관객의 정서적 안정을 위해 이런 해피엔딩을 억지로 꾸민 걸까?

그렇지 않아 보인다. 부성은 본래 '낳은 정'보다는 '기르는 정'이라는 부성의 정체를 드라마틱하게 보여준 것이라고 봐야 한다.

이 세상 모든 엄마에게 자식은 아버지가 누구이든 간에(?), 100% 자신의 핏줄이다.

그런데 아버지는 좀 다르다. 배우자가 낳은 아이가 100% 자기 핏줄이라고 확신할 수 있는 아버지는 이 세상에 없다는 것이 불편한 진실이다. 게다가 아버지가 10달 동안 어디 출장을 갔다 와도, 심지어 아버지는 죽더라도 아이는 멀쩡하게 태어난다. 이렇게 서로의 삶은 분리된 채로 부자간의 관계는 시작된다.

'출생의 비밀'이 드라마의 단골소재로 등장하고, 의사들은 유전자

검사로 또 변호사들은 친자확인소송으로 돈을 버는 것이 모두 이 때문이다. 마더스 베이비Mother's Baby에 대비되는 말이 파더스 메이비 Father's Maybe라는 우스개가 영어권에 존재하는 것도 마찬가지 이유다.

〈허삼관〉에서 2% 부족했던 리얼리티는 일본 최고재판소 법정에 나타난 실화에서 채워질 수 있다.

2009년 홋카이도에서 한 여성이 남편이 아닌 다른 남자의 아이를 출산했고, 남편은 그 사실을 짐작할 수 있었지만 모든 것을 용서하고 결혼 10년 만에 얻은 이 아이에게 사랑을 쏟았다. 그러나 아내는 결국 이듬해에 이혼을 요구하였고, 이혼청구와 동시에 DNA 감정결과를 근거로 법률상의 친자관계는 무효라고 주장했다. DNA 감정결과는 남편이 아이의 친부가 아닐 가능성이 99.99%였다. 그에 따라 그녀는 1심과 2심에서 잇따라 승소했다.

하지만 남편은 "DNA 감정결과가 그렇더라도 그동안 키워온 아이에 대한 사랑을 없던 일로 할 수는 없다. 내 자식이라 부르고, 함께 목욕하고, 아버지라고 불러달라고 했던 추억까지 사라지는 것은 아니다. 헤어지던 날, 당장 울 것 같은 얼굴로 손을 흔들던 아이를 잊을 수 없었다." 라며 상고를 한다.

이쯤에서 이 여성을 향해 콧김이 거세지는 분들이 있을지도 모르겠다. 하지만 흥분을 가라앉히고, 이 사건이 질문하고 있는 부성의 본질에 대해 생각해보자.

부성은 그 출발부터 모성과 사뭇 다르다. 아버지라는 존재에게는 아이가 내 자식임을 인정하고 책임을 지겠다는 매우 이성적인 프로세스를 거쳐야만 부성애가 비로소 발아될 수 있기 때문이다.

이탈리아 출신의 정신분석학자 루이지 조야는 자연발생적이고 감성적인 모성과는 달리, 부성에는 상당한 의지와 이성이 필요하다고 주장한다. 태어난 아이를 자기 자식으로 인정하고 그 아이에 대해 책임을 지겠다는 각오를 다진 후에, 비로소 생겨나는 것이 부성애라는 것이다. 그래서 모성애는 야만 속에서도 존재하지만 부성애는 문명 속에서만 나타날 수 있다고 한다.

그러므로 부성애는 아이가 탄생하는 순간 저절로 생기는 것이 아니라, 삶 속에서 배워서 습득하는 어떤 것이다. 하나의 결단이며 결연을 수용하는 행위로써, 문명 속에서 탄생한 정신적인 각성에 다름 아니다.

실제로 미국의 여성 문화인류학자 마거릿 미드는 문명의 시초에 남성이 처음으로 여성과 그녀의 자식들에게 음식을 제공했던 순간을 부성이 탄생한 최초의 순간이라고 보았다. 또 그녀는 부성이 자연적으로 주어지는 것이 아니라 문화적인 제도로 인식했다. 본능을 억제함으로써 탄생한 정신적인 의지의 산물이라는 것이다이은정 역, 루이지 조야 저, 《아버지란 무엇인가》, 르네상스, 2009.

그래서 고대 로마에서는 아이가 태어나면 아버지가 하늘을 향해 아이를 높이 들어올리는 의례Suspicere를 거쳤다. 이것은 자기 자식으로 인정하고 책임을 지겠다는 의지를 밝히는 것이었다. 그 옛날 홍길동도 아버지의 인정을 못 받았기 때문에 아버지를 아버지라고 부르지 못했던 것도 비슷한 맥락에서 이해될 수 있다.

고 황수관 박사가 아버지와 어머니의 차이를 말하면서 들려줬던 이야기가 생각난다.

6.25 당시 어린 황수관의 가족은 피난길에 나섰고, 이고 지고 손을 잡고 가던 도중 바로 옆에 포탄이 떨어졌다. 퍼뜩 정신을 차리고 보니 그의 아버지는 논바닥에 벌러덩 홀로 누워 있었지만, 그의 어머니는 어미닭이 병아리를 품듯 자신과 동생들을 감싸고 있었다고 회상했다. 이 이야기를 들려주면서 그는 부성애는 모성애의 발치에도 못 미친다고 말하곤 했다.

하지만 부성과 모성은 열등하고 우월한 그런 관계가 아니라, 그 성격이 서로 다를 뿐이다. 누가 가르쳐주지 않아도 엄마들은 아빠들에 비해 본능적이며 자연스럽게 모성애를 가지는 편이다.

아이와 엄마는 10달 가까이 한몸으로 같이 숨쉬고, 같이 자고, 같이 먹고, 같이 느낀다. 그리곤 엄마는 온몸이 으스러지는 산고를 거쳐 자식을 몸 밖으로 내어놓는다. 서로를 별개의 존재가 아닌 또 다른 자신으로 느낄 수밖에 없는 관계다. 그러니 엄마는 아이를 분리해서 인식하지 않고, 아이의 욕구를 실시간으로 느끼며 아이의 희노애락이 곧 자신의 희노애락이 되기 쉽다.

반면 아빠는 아이가 세상에 태어나서 처음으로 만나게 되는 타인이라고 말해도 무리가 없다. 아빠는 아이가 자신이 자식임을 인정하고 아이의 양육을 책임지겠다는 다분히 이성적인 프로세스를 거쳐서, 아버지라는 지위를 인정하게 된다. 그에 따라 아빠는 자식에 관한 일을 엄마처럼 자기 동일시하지는 않는다.

실제로 교육방송의 실험EBS, 〈아버지의 성〉을 보면 자신의 아이 사진을 볼 때, 엄마와 아빠의 뇌는 서로 다르게 반응한다. 자신의 아이 사진을 봤을 때 후두엽 쪽 시각의 뇌 부분만 활성화되는 아빠의 뇌와 달리, 엄마는 시각의 뇌는 물론 감정과 정서를 관장하는 변연계까지 활성화됐다. 이것은 엄마와 아빠가 아이를 인식하는 개념 자체에 차이가 있다는 것을 의미한다.

엄마는 다른 아이를 볼 때와는 달리 자기 아이를 볼 때엔 좀 더 주관적인 감정이 개입됐지만, 아빠는 다른 아이 사진을 볼 때나 자기 아이

사진을 볼 때 별 차이가 없었다. 아빠들은 자기 아이를 엄마에 비해 좀 더 객관적으로 바라본다는 이야기다.

그 결과 엄마의 자식 사랑은 거의 무조건적인 반면, 아빠의 사랑은 상당히 조건적이다.

내 딸에겐 비밀로 해야 될 이야기지만, 나는 딸이 괘씸할 때면 '이것 봐라, 내가 저를 어떻게 키웠는데……' 싶으면서 내쫓아 버리고 싶은 은밀한 유혹을 느낄 때가 있다. 그럴 때면 '아, 이래서 부자의 연을 끊는다는 말이 나오는 거구나' 싶다.

그러다 보니 아버지가 가지는 사랑의 질質이 엄마의 그것에 비해 영 떨어지는 느낌이다. 하지만 아버지의 땀 그리고 자식에 대한 사랑은 그것이 본능이 아니기 때문에 그리고 조건적이기 때문에, 오히려 가치가 있을지도 모른다.

사실 아버지에게도 자식의 탄생은 낯설게 다가온다. 자식의 잉태를 순전히 엄마에게 위임해야 하기 때문에, 그가 만나게 되는 새로운 생명체는 전적으로 낯선 존재일 수밖에 없다.

이처럼 낯선 존재에 대한 배려와 보호 그리고 희생 어린 돌봄을 아버지라는 이름으로 제공하는 과정은 문명사회가 어떻게 발원되었는지를 유추할 수 있게 한다.

그러므로 신체적으로 한몸으로 연결되지 않았다거나 본능보다는 이성이 앞선다는 등의 특징을 지닌 부성이, 모성에 견주어 열등하다고 느끼거나 말할 필요는 없다.

오히려 생물학적인 자기애自己愛의 한계를 초월해서, 더불어 살아가기 위해 필요한 박애정신의 씨앗을 부성에서 발견할 수 있다는 점에서 더 숭고한 가치를 부여할 수도 있지 않을까?

부모 노릇은
독주가 아닌 협주

🎬 〈더 디너〉 2015, 감독 이바노 데 마테오

아내는 매우 실용적이고 검소한 편이다. 워낙 무심하고 변변찮은 남편을 만난 탓이기도 하겠지만, 결혼한 지 20년이 지났는데도 지금까지 쓰고 있는 처녀 적 옷과 물건들이 적잖으니 말이다. 이처럼 개척시대 아메리카 대륙의 청교도들에 필적할 만한 실용주의자인 아내가 최근에 무선청소기가 망가지자, 뜻밖에도 무선청소기의 명품이라고 할 다이슨 무선청소기를 해외 직구로 구매하는 것이 아닌가!

이윽고 어느 날 퇴근하고 집에 들어서니 큼지막한 박스가 있었고, 아내는 나를 위해(?) 청소기의 포장도 뜯지 않고 기다리고 있었다. 박스를 뜯을 때에도 뿌듯했지만, 청소기를 조립해서 사용해보니 기대를 충분히 충족시켜주었다. 청소기의 스위치는 총의 방아쇠 같았고 다양한 형태의 흡입구를 교체해서 끼우고 있노라면, 마치 고성능 총을 분해조립하고 있는 스나이퍼가 된 기분이었다.

그리하여 그날 이후, 집안 청소는 내가 독차지하고 싶은 사냥놀이로 전환되었다. 참고로 나는 다이슨 사에 잘 보여야 할 어떤 이유도 없다. 그런데도 이렇게 홍보대사 역할을 하는 이유는 따로 있다.

마침 청소기를 구입하고 오래지 않아 육아정책연구소가 주최한 출산육아지원포럼에서 아버지의 육아 참여에 대해 주제발표를 하게 되었고, 나는 아버지의 참여를 위한 정책 아이디어를 다이슨 무선청소기에서 배워야 한다고 주장하기까지 했다. 집집마다 남자들이 청소기를 돌리는 경우가 많은데, 남편들에게 청소라는 가사노동을 놀이 비슷한 걸로 치환시켜 놓은 발상에 높은 점수를 매긴 것이다. 의례적인 발표와 토론에 지쳐가던 플로어에서의 반응이 뜨거웠음은 물론이다.

사실 그날 발표의 핵심은 아버지들의 내재동기가 발휘되는 것이 중요하다는 것이었다. 내재동기에 대해서는 다니엘 핑크가 쓴 베스트셀러 《드라이브》가 잘 설명하고 있다. 이 책은 '어떻게 하면 사람들에게 효과적으로 동기를 부여할 수 있을 것인가?'라는 경영학의 영원한 숙제에 대하여 탁월한 분석을 제시하고 있다.

다니엘 핑크는 그동안의 동기 Motivation 이론을 '생물학적인 욕구'에 따른 동기 1.0과 '당근과 채찍'으로 대변되는 동기 2.0으로 설명하면서, 동기 1.0과 2.0으로는 제대로 설명되지 않는 '일 그 자체의 즐거움'을 동기 3.0이라고 명명했다.

이것이 바로 내재동기 Intrinsic Motivation 다. 나는 비영리 사단법인을 운영하고 있는데, 비영리 조직의 운영에 있어 가장 어려운 일이 사람들의 자발적인 참여를 이끌어내는 것이다. 비영리 조직에서 추진하는 일에 시간과 재능을 투입하는 것이야말로 기존의 동기 2.0, 즉 당근과 채찍으로는 설명하기 어렵다.

돈이 생기지도 않고 그 일을 하지 않는다고 해서 비난할 사람도 없다. 그러니 이런 일에 함께하려는 동기는 당근과 채찍으로는 설명하기 어렵다. 재미가 있거나 보람을 느낄 수 있어야 한다. 회의시간 하나 정할 때에도 참여자들의 입장에서 혹시라도 서운함이나 오해가 생기지 않도록 조심스럽게 추진해야 한다. 참석하고 싶은 마음에 자그마한 흠집이라도 생긴다면 일을 그르치게 되기 때문이다.

그러니 내재적 동기가 가장 중요한 곳 중의 하나가 비영리 조직의 운영이 아닐까 싶다. 다니엘 핑크는 내재적 동기 즉 동기 3.0이 잘 발휘되기 위한 조건들을 말하고 있다. 그중에서 가장 중요한 것이 자율성이다. 그는 "6개월 혹은 한 살 정도의 아기 중에서 자기주도적이지 않은 아기는 없다."라고 단언한다. 이러한 젖먹이에게는 세상의 모든 것들이 놀이감이 되는데, 자기주도성이야말로 놀이의 필수적 요소라는 것이다. 즉 자기주도성을 발휘하여 내재동기가 작동되면 어떤 일이라도 즐겁게 임할 수 있다는 말이다.

그런데 언제나 그렇듯 이 내재동기라는 개념은 동양의 고전에서 이미 가르쳐주고 있다. 중국 당나라 때의 선승 임제선사의《임제어록》에 나오는 '수처작주 입처개진 隨處作主 立處皆眞'이라는 표현이 그것이다. '언제 어디서 어떤 일 속에서도 주인으로서 살아가면, 그 자리가 최고의 행복한 세계'라는 의미다.

아무리 바빠도 자기가 시간 스케줄을 정하는 보스는 생생하지만, 조직이나 상사의 지시에 따라 움직이는 직원은 보스보다 업무량은 적어도 훨씬 큰 스트레스에 시달리는 것이다. "주인처럼 일하라." "일에 끌려가지 말고 일을 끌고 가라." "자기주도적으로 하라."는 메시지다.

그렇다면 아버지들에게는 자율성이 얼마나 주어지고 있을까?

안타깝게도 대한민국에서는 아버지가 타율적일수록 좋은 아버지라고 평가되고 있는 것이 현실이다. 즉 아내 말을 잘 듣는, 시키는 대로 하는 아버지가 좋은 남편, 좋은 아버지인 것이다.

본래 모성은 자식 문제에 대한 주도권을 지키려고 한다. 아이의 성장과 관련된 중요한 결정에 있어서는 모성이 최종적인 판단권을 가지려고 하면서, 아이 아버지조차도 자신의 영역에 개입하는 걸 꺼려한다. 학자들은 이것을 일컬어 '모성의 문지기 행동'Maternal Gatekeeping Behavior 이라고 한다. '내 몸에서 나온 내 새끼는 곧 나아니 어쩌면 더 소중한 존재일 수도 있다니까, 내 아이 문제는 곧 나의 문제다. 그러므로 다른 누구도 내 문제인 내 아이의 문제에 간섭하지 말아라'는 심리다.

그런데 문제는 아버지도 자식의 양육과 교육에 대한 자신만의 방향성이 있고, 아내의 생각과 당연히 다를 수 있다는 데 있다.

딸이 고등학교 다닐 때의 일이다. 당시 딸은 TEPS 시험을 여러 차례 치르고 있었는데, 한번은 그만 수험표를 빠뜨리고 가서 응시 자체를 못할 뻔 했다. 그런데 같이 간 아내가 시험관리본부에 가서 수험생임을 확인시켜 일단 시험을 보게 한 뒤, 시험이 종료되기 전까지 아내가 수험표를 가져오는 기지를 발휘하여 용케 위기를 넘긴 적이 있었다.

그날 무용담을 늘어놓는 아내를 보면서 말은 안했지만 내심 딸이 그날 시험을 놓쳤어야 한다고 생각했다. '고2 정도면 수험표처럼 중요한 건 스스로 자신이 챙겨야 하고, 그 결과에 대한 책임도 져야 한다'는 대단히 제3자적 관점에 서 있었던 것이었다. 길게 보면 그때 시험을 망치는 게 약이 될 거라는 생각이었다.

하지만 시험을 치루는 본인보다 더 절실한 본인(?)이었던 아내에겐 씨알도 안 먹힐 이야기다. "아빠가 돼 가지고 한가로이 논평이나 한다." 라고 타박을 맞을 게 뻔했다.

사정이 이렇다 보니 부성과 모성 사이에 긴장이 싹튼다. 모성은 자녀의 양육과 교육에 대해 헤게모니를 쥔 채, 그저 남편은 아이를 키우는 데 필요한 자원들을 채워주기만 바란다. 그런데 이런 식이어서는 이른바 아버지 효과가 잘 발휘되기 어렵다. 아버지 스스로 선택하고 결정할 수 있는 여지가 별로 없어서, 즉 아버지의 내재동기가 발휘되지 않기 때문이다.

30여 년간 아버지의 영향력을 연구해온 미국의 심리학자 로스 파크 교수는 아이의 성장발달에 미치는 아버지의 고유하고도 긍정적인 영향력을 '아버지 효과'Father Effect로 개념화한 바 있다.

그리고 이 긍정적인 영향력은 아이를 향해서만 발휘되는 것도 아니다. 원만한 부부관계는 물론이요, 아버지 본인의 자기정체감과 효능감도 배가 시켜준다.

그래서 가족 모두를 위해서라도 아버지 효과가 잘 발휘돼야 한다. 아버지의 내재동기를 이끌어내는 노력이 필요하다. 다행히 요사이 이런 생각들이 조금씩 설득력을 얻어가고 있다. 다이슨 청소기를 배우자고 역설한 바로 그날, 또 다른 여성 발표자도 남성의 부모권을 강화해야 한다는 나와 같은 맥락의 주장을 해서 무척 인상적이었다.

"남성의 육아 참여는 저출산 대응의 핵심 과제이나, 그 접근 방식에도 점검을 요한다. 즉 남성의 육아는 기존에 여성에서 전적으로 부여된 자녀 돌봄의 책임을 남성에게 전가하는 방식이 아니라, '남성의 권리 즉 부모권 강화'의 차원에서 다루어질 필요가 있다." 저출산 대응 전략, 그 진단 및 방향, 2017, 유해미

그런데 엄마의 문지기 행동을 넘어 남성의 부모권을 넓혀서 아버지 효과를 극대화시키기 위해서는 2가지가 필요해 보인다. 첫째 아빠가 이런 사실을 깨달아야 하고, 깨달은 바를 실천해야 한다. 둘째 엄마의 인정이 필요하다. 엄마가 수긍하고 도와주지 않으면 말짱 도루묵이다. 결국 함께 노력하는 부부의 하모니가 답이다.

베니스영화제 4개 부문에서 수상한 이탈리아 영화, 〈더 디너The Dinner〉는 이러한 노력이 현실에서 어떻게 진행될 수 있는지를 보여주고 있다.

네덜란드의 인기 작가 헤르만 코흐의 대표작 《디너》를 원작으로 하는 영화 〈더 디너〉, 이 영화의 이탈리아어 제목은 〈우리들의 아이들 Nostri Ragazzi〉이다.

변호사인 형과 소아과 의사인 동생은 매달 부부동반으로 저녁식사를 함께한다. 어느 날 형의 딸 베니와 동생의 아들 미켈레는 파티에 참

석했다가 만취상태로 돌아오는 길에 노숙자를 걷어차서 사망에 이르게 된다. 아직 세상에 알려지지 않은 이 사건을 알게 된 형제 부부는 수습과 대응 방향을 둘러싸고 서로의 민낯을 드러낸다.

우리들의 허약하고 위선적인 윤리 의식을 향해 이 영화는 얼굴을 돌리고 이야기하지 않는다. 그래서 자식을 둔 부모 입장에서 마냥 편안하게 즐길 수 있는 영화는 아니다. 특히 자식의 인생이 걸린 문제를 놓고, 고민하는 두 부부의 방식은 자못 다르다는 점이 주목할 만하다.

동생 파올로는 소아과 의사로서 다른 사람을 배려하는 마음이 따뜻한 사람이다. 하지만 아들을 향한 아버지로서는 그리 따뜻하지 못했다. 아들의 문제는 아내에게 맡기고, 가끔씩 아이를 혼내거나, 아내를 질책하는 것으로써 아버지의 역할을 다해 왔다. 파올로 본인은 부정할지라도 적어도 아내 클라라는 그렇게 느끼고 있었다. 그래서 파올로와 클라라는 살인에 이르게 된 아들을 두고 서로를 원망하면서 다른 곳을 응시하게 된다.

형 마시모는 의뢰인의 부조리에도 개의치 않고 잇속을 우선해온 잘나가는 변호사다. 하지만 가장으로서 집안을 챙기는 데에는 남다른 노력을 기울이고 있다. 마시모가 없었다면 형제가 부부동반으로 한 달에 한 번 저녁식사를 하는 일도 없었을 것이다. 마시모와 아내 소피아는 딸이 저지른 비극을 바라보면서 자식의 미래에 대해 걱정하면서 서로를 위로하고 배려하는 부부의 모습을 보여준다.

인기리에 방송되고 있는 경연 프로그램 〈판타스틱 듀오〉에서는 개인기보다 하모니가 중요하다. 마찬가지로 각자가 아무리 식견과 인품이 훌륭할지라도 부부는 하모니가 중요하다. 특히 자식 앞에서 그렇다.

결국 아버지 효과는 부부의 화음을 바탕으로 삶 속에서 가족들과 어울리는, 자녀의 삶에 참여하는, 아버지만이 일구어낼 수 있다.

부부는
클론이 아니다

 〈보이후드〉 2014, 감독 리처드 링클레이터

봄날 주말이다. 대학교 3학년인 딸은 주말이면 아르바이트를 나간다. 토요일과 일요일 오후 4시부터 밤 10시까지 이탈리안 레스토랑에서 서빙을 한다. 주말 동안 딸은 레스토랑에서, 아빠는 영화 알바(?)를 시작한다.

  2014년 베를린영화제 은곰상감독상 수장작, 양量으로 압도하는 영화, 리처드 링클레이터 감독의 〈보이후드Boyhood〉를 집어 들었다. 이 영화의 러닝타임이 3시간 가까이 된다고 놀라서는 안 된다. 촬영기간이 무려 12년에 이르기 때문이다. 주인공 메이슨이 6살 꼬마에서 청년이 되기까지의 과정을 실제 인물의 성장을 통해 생생하게 보여주고 있다.

이 영화의 제작진은 혹시라도 화면 색감이 달라질까 봐 12년 동안 촬영장비도 같은 걸 사용하기까지 했다. 아역과 성인배우의 이질적인 모습에 익숙해진 관객들에게, 실제 인물이 귀여운 소년에서 징그러운 대학생으로 변해가는 것 자체가 신선하다.

주인공 메이슨과 누나 사만다는 부모가 이혼한 가운데 이성적이고 생활력 강한 엄마와 함께 살고 있다. 알래스카에서 돌아온 아빠 메이슨 시니어는 매주 빠짐없이 아이들을 보러오는 아이들과 격의 없이 지내는 그야말로 좋은 아빠다. 다만 경제적 책임을 다하는 가장 또는 남편으로서는 후한 점수를 얻기 어려운 인물이다.

이 영화에서 메이슨의 아빠 엄마가 왜 이혼했는지는 알 수 없다. 부부의 캐릭터를 바탕으로 추론을 해보자면, 아빠 메이슨 시니어의 경제적 무능력 내지 너무 낭만적으로 살아가는 삶의 태도를 엄마 올리비아가 못 견뎌 하지 않았을까 싶다.

하지만 나는 그들이 갈라선 이유가 남편의 낭만적 인생관이라거나 경제적 능력 때문이 아니라고 믿는다. 다만 혈기 왕성해서 달리 말하면 철이 없어서 헤어진 게 아닐까?

영화가 끝나갈 무렵, 메이슨의 대학 입학을 축하하는 파티에 모인 자리에서 3번의 결혼을 거쳐온 전처 올리비아에게 메이슨 시니어는 부엌에서 말한다.

"전 남편 중에서 파티에 참석한 사람은 나밖에 없군."

육아살롱 in 영화, 부모 3.0

아들 메이슨이 대학에 입학하는 이즈음, 이들 두 사람도 나와 비슷한 생각을 하지 않았을까 싶다. '그때 헤어지지 않았더라면 지금 나름 잘 살 수 있었을 텐데'라는 생각 말이다.

단 한 번도 찡그리지 않고 아빠 미소로 전처와 살고 있는 아이들을 매주 보러 온다는 건 매우 위대한 일이다. 아빠 메이슨 시니어를 열연한 배우 에단 호크를 개인적으로 좋아하기도 하지만, 나는 아이들의 희노애락을 보듬어주는 이 아빠에게 홀딱 빠지고 말았다.

한때는 나도 소년이었기에 영화에 빠져들고 있을 때, 문득 현실의 내 딸이 알바 가기 싫다고 투덜거리는 소리가 들려왔다. 처음 알바 면접보고 왔을 때만 해도 혹시 떨어질까 봐 마음 졸이더니, 한 달쯤 지나면서 주말 오후시간을 뺏기는 게 슬슬 못마땅한 모양이다. 아빠로서는 학교 다니면서 주말에 아르바이트하겠다는 딸의 발상이 대견스러웠고, 이왕 시작한 거 한 학기 정도는 '주말 경耕 주중 독讀'을 완수하기를 바라고 있다.

학기가 본격적으로 접어들면서 과제도 많아져 시간이 부족하다면서 미간을 찌푸린다. "아! 알바 가기 싫다."라고 하는 녀석에게 아내 대신 죽을 데워서 내놓았다. 딸은 어쩌다가 내가 끼니를 챙겨주게 되면 표정부터 아주 나긋나긋해진다. 그러고 보면 사람의 위장과 심장 사이에는 핫라인이 개통돼 있음이 틀림없다.

녀석은 죽 한 그릇을 뚝딱 비우고 나더니 싱긋 웃으며 내 등을 툭 치고 나간다. 투정은 쑥 들어가 버렸다. 이런 이야기를 하면 내가 요리 꽤나 하는 줄 알겠지만 그건 전혀 아니다. 아이들의 감동은 오히려 아빠가 음식 솜씨가 서툴수록 효과가 좋다는 사실을 귀띔하고 싶다.

아무튼 딸아이가 아르바이트 나가고 나서 식탁에 앉고 나니 냉장고에 붙여 놓은 몇 장의 사진이 눈에 들어온다. 우선 우리 집의 기분전환용 사진이 맨 위에 있다. 돌도 안 된 딸이 보행기에 앉아 있는 똘망한 표정의 맹랑한 사진이다. 나와 아무리 친한 친구 사이일지라도 그 친구는 결코 공감할 수 없겠지만, 적어도 우리 부부에게는 갓난아이 시절의 딸이 짓고 있는 표정만으로도 입꼬리가 올라가는 사이다 같은 사진이다. 이 사진 옆에는 유치원생 시절 윗니 빠진 딸의 모습도 자리하고 있다.

그러고 보니 딸이 아파트 단지 내 유치원에 다닐 때가 생각난다. 재롱잔치였던지 뭔지 기억이 확실치 않은데, 아빠도 참석해달라고 해서 처음으로 딸의 유치원에 갔던 기억이 새롭다. 돌이켜보면 그때가 내 딸의 대외적인 활동에 아빠로서 참여한 첫 행사였던 것 같다. 그때 유치원에서 나는 상당히 젊은 축이어서 괜스레 젊은 아빠를 둔 내 딸이 뿌듯해할 거라는 터무니없는 착각을 했던 기억도 난다.

어린이집 또는 유치원 입학은 아이에게는 물론 부모에게도 온몸의 신경세포를 깨우는, 아드레날린을 울컥울컥 분비시키는, 일대 사건이다. 부모가 아닌 제3자의 보호를 받으면서 또래 친구들과 더불어 지내게 된다는 건 어마어마한 경험이다. 이른바 '사회생활'이 시작되는 것이다. 아이가 사회생활을 시작하면 아빠와 엄마에게도 롤러코스터가 펼쳐진다.

아빠들은 종종 어린이집이나 유치원으로부터 호출을 당하게 된다. 그동안은 집안에서 자기 나름의 아빠 역할을 수행해왔는데, 이때부터 아빠의 모습이 현관문을 넘어 야외무대 위에 올려지게 되는 셈이다.

아빠교육도 그런 무대 중의 하나다. 나는 간혹 유치원에서 주관하는 아빠교육을 가곤 하는데, 한번은 2명의 아이들까지 동반한 부부가 열심히 수업에 참여하고 있었다. 수업이 끝나자 모범생답게 부부가 다가와 질문 겸 자문을 요청했다. "초등학교에 다니는 딸이 피아노를 배우고 있는데……." 부부의 이야기가 일치되는 내용은 여기까지였다.

"딸이 피아노를 배우기 힘들어 한다." "아니다."

"소질이 있다." "없다."

"아이의 의사를 존중해주자." "아직은 때가 아니다."

부부간 갈등은 꽤나 깊어가고 있었다. 특히 그 아빠가 내게 도움을 구하는 눈빛은 간절하기까지 했다. 나는 아빠들을 대상으로 이야기할 기회가 있을 때면 스스로를 '아버지운동가'라고 소개한다. 즉 그냥 강사가 아니라 사회운동을 하는 사람이라고 말이다. 그리고 이 운동을 하게 된 주요한 동기가 '엄마 중심의 자녀교육에 대한 문제 의식'이라고 이야기한다. 그러면 교실 안에는 뭔가 전우애 비스무리한 게 만들어진다.

십여 년의 오랜 연애기간을 거쳤지만 살아보니, 아내와 나는 너무나 다른 인격체였다. 신혼 초 어느 더운 여름날이었다. 책꽂이를 정리하다가 상단에 무슨 책을 어떻게 꽂을 것인가를 두고 아내와 나는 첨예한 신경전을 벌인 적이 있었다. 나는 너무도 당연하게 내 집 책꽂이에 내 머릿속 폴더를 재현하고 싶었다. 하지만 안타깝게도 내 집에는 나만 살고 있는 게 아님을 깨달아야 했다.

실은 신혼여행 가서도 다른 일행을 지나치게 배려하려는 아내와 우리만의 시간과 경험을 우선시하려던 나의 입장이 스파크를 일으키면서 호텔방 바닥에서 잠을 잤던 그때, 이미 눈치를 챘어야 했다. 살을 맞대고 사는 부부일지라도 서로 생각이 확연히 다르다는 걸 그리고 그 다름이 지극히 자연스럽다는 것을, 옳고 그름의 문제가 아니라 다르다는 사실 말이다.

그동안 고맙게도 서로 다른 관점과 관심사에도 불구하고 아내는 많

육아살롱 in 영화, 부모 3.0

은 부분 내 의사를 존중해주곤 했다. 그런데 아이 문제에 있어서는 좀 달랐다. 어느 순간부터 '아이는 내가 키울 테니 당신은 돈만 벌어 오라'는 식의 느낌을 자주 받게 됐다. 주변에서도 아이의 교육 문제는 엄마에게 맡겨두라고 말하고 있었다.

하지만 아무리 생각해봐도 동의할 수 없었다. 다른 것도 아니고 내 아이의 문제인데, 아버지라는 사람이 고민하지 않는 것이 과연 바람직한 걸까?

이것이 내가 아버지운동을 시작하게 된 결정적인 모티브다.

이 세상의 모든 부모는 이렇듯 서로 다른 존재다. 남자와 여자여서 다르기도 할 것이고, 서로 다른 인격체이기에 다르기도 하다. 그런데 부부가 성격 차이로 헤어진다는 말을 곧잘 듣게 된다. 하지만 그건 좀 아닌 것 같다. 성격 차이가 없을 수 있을까?

서로 다른 두 사람이 만나서 말이다. 우주에 어떤 생명체도 지금의 나와 일치된 존재는 없다. 그래서 '객관적'이라는 게 도대체 가능하지 않다는 철학적 사조에 나는 전적으로 동의한다. 생각해보면 나를 둘러싸고 있는 세상이, 모든 다른 사람들에게도 동일하게 펼쳐진다는 건 착각일 수 있다.

그래서 주관성끼리의 연결만이 있을 뿐 완전히 독립적으로 존재하는 객관적 세계란 존재할 수 없다는 것이다.

이 세상의 모든 사람들에게 우주는 자신을 중심으로 펼쳐지고 있다.

그러니 지구촌에는 사람 숫자만큼의 세계가 존재한다고 봐야 한다. 내가 바라보고 음미하는 세계는 내 아내가 의미를 부여하고 있는 세계와 당연히 같을 수 없다.

부부의 다름은 아이를 향해서만 나타나지 않고, 삶의 전반에 걸쳐 서로 다른 빛깔과 방향으로 향한다. 이때 이러한 서로의 차이는 아이들의 성장에 매우 유익한 조건이 된다. 만일 클론 같은 두 사람이 부모로 존재한다면, 아이들의 인격 형성에 절반의 자양분만 제공될 것이다. 서로 다르기에 함께 살 의미가 깊어지지 않을까?

다름Different은 틀림Wrong이 아님을 인정하면서 살았다면, 아빠 메이슨과 엄마 올리비아도 한 가정을 이어 올 수 있었을 것이다. 그래서 아빠 메이슨이 보여주는 삶을 향한 긍정적이고 낭만적인 태도는 엄마 올리비아의 절제되고 이성적인 삶의 태도와 어우러져, 아들 메이슨과 사만다에게 삶을 향한 입체적인 시선과 균형 감각을 제공했을지도 모른다.

올리비아는 두 번째, 세 번째 배우자와 결별하게 되는데, 이런 설정이 충분히 그럴듯해 보이는 건 이런 연유다.

영화 〈보이후드〉를 부모의 견지에서 요약해보면 "부모의 생각 차이

육아살롱 in 영화, 부모 3.0

는 너무나 당연하고 더욱이 그 다름은 아이들에게 이롭다."와 "부성애를 지닌 친아빠는 아이들에게 최고의 멘토다."일 것 같다.

　요즘은 사람 얼굴과 이름이 예전만큼 잘 기억나지 않아 곤란할 때가 적잖다. 한데 희한하게도 딸아이의 피아노 레슨을 두고 서로 다른 교육관으로 갈등을 겪고 있던 그 부부의 얼굴은 생생하게 떠오른다. 차분한 표정으로 굳은 의지를 포장하고 있었던 아이 엄마 그리고 격정과 이지적 면모를 겸비했던 아이 아빠였다. 이 분들께 이 영화를 권해드리고 싶다.

서양의 노파에게
동양의 고전을 배우다

 〈미세스 다웃파이어〉 1993, 감독 크리스 콜럼버스

지금은 고인이 된 로빈 윌리엄스는 거의 모든 출연작에서 자유로운 영혼으로 등장한다. 모사와 재치가 넘치는 자유분방함이 그의 실제 캐릭터인지는 잘 모르겠다. 하지만 저런 성격이 언제나 환영받기는 어려울 거라는 나의 추측을 정통으로 저격한 영화가 바로 〈미세스 다웃파이어Mrs. Doubtfire〉다.

진지함이라고는 눈을 씻고 봐도 찾을 수 없는, 24시간 발사되는, 주인공 대니얼의 희극은 사람을 지치게 만드는 구석이 있다. 만화영화 더빙 성우로 일하지만 기분 내키는 대로 내지르는 그의 스타일 때문에 한 직장에서 오래 버티지 못한다.

육아살롱 in 영화, 부모 3.0

남편의 잦은 실직으로 가족의 생계를 책임져야 했던 아내 미란다는 서서히 남편의 대책 없는 천진스러움이 점차 한심하게 보였고, 급기야 어처구니없는 남편의 난장판 파티에 십수 년간 들썩거리던 뚜껑이 확 열려 버린다.

언제나 농담으로 상황을 모면하려고 하는 남편 대니얼은 아내 미란다에겐 이미 소통이 불가능한 사람이 돼 버린 것이다. 결국 아내는 이혼을 요구한다. 서로가 다르기 때문이 아니라 통하지 않기 때문에 맞게 된 파경이었다.

이 영화를 보면서 자문해본다. '나는 아내와 과연 잘 통하고 있는 것일까?'

어느 주말 아침이었다. 아내는 내 심기를 긁어 놓고는 밥상을 차렸다. 숟가락 젓가락은 열심히 움직이고 있었지만, 밥이 코로 들어가는지 입으로 들어가는지 모를 지경이었다. 머릿속에서 격론이 벌어졌다.

"진정해. 식사는 즐겁게 해야지. 나중에 좋게 이야기하자."

"이건 나를 완전히 무시하는 거야. 이렇게 꾹꾹 참다가는 먹는 거 다 체하겠어!"

결국 강경파가 승리했고, 그들은 아내에게 포문을 열었다. 일종의 승리(?)를 거둔 나는 등산 배낭을 메고 현관을 박차고 나갔다. 산길을 걸으며 몸과 마음은 깨끗이 리부팅됐다.

그렇게 상큼하게 돌아와 보니, 조용한 가운데 집안이 말끔하게 정리

정돈돼 있었다. 스트레스가 쌓이면 화장실 청소며 빨래를 하면서 맹렬히 씻고 닦고 정돈하는 버릇이 있는 아내의 소행임을 단번에 알아챌 수 있었다.

'훗! 참으로 애정이 가는 아내의 습성이 아닐 수 없다.'

얼핏 뭔 소리가 들려서 돌아보니 칙칙칙 압력밥솥이 돌고 있었다. 흠! 그러고 보니 가스레인지 위에도 묵직한 놈 하나가 걸터앉아 있다. 뚜껑을 열어보고는 뜨악했다. 무지막지한 양의 카레! 이거 심상치 않았다. 압력밥솥 보고 놀란 가슴, 찜통 보고 또 놀랐지만 "에이 잘 됐다. 혼자만의 시간을 좀 가지자. 밀린 일도 좀 하고."라며 애써 평정심을 붙들어 맸다.

그렇게 카레의 향연이 시작되었다. 첫 번째 카레라이스를 먹고 낮잠도 한숨 때렸다. 일어나보니 벌써 해가 뉘엿뉘엿하다. 집에 온 아이와 함께 두 번째 카레를 맞이했다. 서서히 '카레 효과'가 나타났다. 화장실 손잡이에 걸린 아내 원피스를 보면서 그리움 비슷한 것이 올라오기 시작했다. '분노가 이렇게 쉽사리 그리움으로 돌변하다니!' 뼈대 있는 가문에서 자란 나로서는 인정하기 어렵다. '아무래도 이건 카레에 들어 있는 어떤 성분이 만들어내는 조화야.' 그렇게 주말 내내 나는 카레 범벅이 되었다.

그날 사단이 벌어진 이유가 뭘까?

우선 부모 역할의 각론을 놓고 나와 아내의 생각이 '당연하게' 서로 달랐다는 것이다. 나는 대학생이 된 딸이 전반적으로 대견스럽지만 '시키지 않으면 집안일을 알아서 할 줄 모르는 게' 불만이다. 그래서 기회가 되는 대로 이른바 가정교육을 시키려고 노력한다. 하지만 불만은 불만을 낳는 법인가?

아내는 이런 나에게 불만이 많다. 어차피 나중에 결혼하면 원하지 않아도 싫도록 할 텐데, 뭘 까다롭게 구느냐는 거다. 일리 있는 이야기이지만 내 생각은 다르다.

나의 메시지는 심플하다. 자기 몫을 다하라는 것이다. 그게 더불어 살아가기 위한 기본이니까! 딸은 말한다. "밖에서는 잘한다."고. 나도 말한다. "밖에서 잘하면서 왜 집에서는 잘 못하냐?"고. "니가 기숙사에서 룸메이트가 정리를 안 해서 스트레스 받은 것처럼 아빠도 스트레스 받는다."고.

사실 처음엔 논법이 좀 더 격조가 있었다. "너를 부려먹으려는 게 아니다. 평소에 습관이 돼 있어야 한다. 머리로 백날 알아봐야 소용없고, 몸에 배어 있어야 한다."라는 가르침이었다. 한마디로 '다 너를 위해서'라는 식이었다.

그러다가 작전을 바꾼 것이다. 좀 무식하지만 그냥 들이대는 거다. 어떻게 보면 대화법의 기본인 I message로 바꾼 셈이다. 점수를 다소 잃더라도 내 감정을 중심으로 잔소리를 늘어놓는 것이다.

아버지는 어릴 적 내게 "윗사람이 다가와서 말하면 같이 일어서서 대화하라."고 가르치셨다. 그 결과 나의 머릿속 메뉴판에는 그 옵션이 들어 있었다. 선택을 하고 않고는 내 몫이었지만……

마찬가지로 "너의 행동으로 내가 스트레스 받는다."라는 식의 자극을 주어서 딸의 머릿속 메뉴판에도 옵션으로 끼워두자는 속셈이다.

그러니 "상냥하고 다정한 아버지는 자식을 불행하고 게으르게 만든다."라는 프랑스 속담이나 "귀한 자식 매 한 대 더 때리고, 미운 자식 떡하나 더 주라."는 우리 속담에는 아직도 상당한 분량의 지혜가 담겨져 있다고 봐야 한다.

그런데 문제는 나와 다른 생각을 인정하지 못한 점이다. '다름Different은 '틀림Wrong'이 아니라는 말, 엄청나게 많이들 한다. 그렇지만 나도 아내도 상대방의 생각을 틀렸다고만 고집했던 것이다. 그렇게 '인정'이 안 되니 '존중'이 있을 수 없고, 자식을 가르치는 아버지로서 존중받고 싶은 마음이 채워질 리 없었다. 시도 때도 없이 핸드폰을 들여다보면서 '댓글'과 '좋아요'가 몇 개 달렸는지 체크해서 존중받고 싶어 하면서

육아살롱 in 영화, 부모 3.0

말이다.

또 다른 이유는 내가 아내의 반응을 착각했었다는 점이다.

낚싯배에서 홀로 유유히 낚시를 즐기고 있는데 뒤에서 다른 배가 쿵하고 부딪혔다(**A**ccident : 유발 사건). 어떤 부주의한 사람이 배를 잘못 몰아서 나의 평안을 깼을 거라고 추측한다(**B**elief, 해석). 그 사람의 부주의한 행동에 화가 치솟는다(**C**onsequence, 감정의 결과). _ 김주환 저, 《회복 탄력성》, 위즈덤하우스, 2011

그러나 알고 보니 빈 배가 바람에 이끌려 부딪혔다는 사실을 알고 나면 치솟았던 분노는 눈 녹듯 사라지고 만다.

이처럼 어떤 사건을 내가 어떻게 해석하느냐에 따라 감정이 춤을 춘다는 게 심리학에서 말하는 ABC 이론이다. 이렇게 '모든 건 마음이 지어내는 것'─切唯心造이니, 내가 아내의 말과 행동을 '나를 존중하지 않고 무시하는 것'이라고 규정하는 순간 '꼭지'가 돌았던 셈이다. 그동안 심리학 책 좀 봤다는 나였지만, ABC 이론을 그야말로 이론으로만 알고 있었던 모양이다. 이 착각이야말로 불통의 주범이 아닐까?

〈미세스 다웃파이어〉의 남편 대니얼 역시 아내 미란다의 고통과 호소를 아내의 투정쯤으로 착각한 것에서 갈등이 싹트게 되었을 것이다. 대니얼은 말이 통하지 않는 남편으로서가 아니라 푸근한 노파, 미세스 다웃파이어가 되고서야 비로소 아내의 마음에 귀 기울이게 된다. 상황을 자기 편할 대로 규정하지 않고 있는 그대로 들어보고 관찰했을 때에야, 비로소 마법 같은 일들이 벌어졌다. 결국 친숙함이 가장 예리한 칼날이 되어 부부의 관계를 잘라 냈던 것이다.

동양의 고전 《예기禮記》 내칙內則 편에 '예시어근부부'禮始於謹夫婦 라는 말이 나온다. "예는 부부간에 조심하는 것에서부터 시작된다."라는 이 말의 뜻을 영화 속 대니얼은 점점 깨달아 간다.

카레를 과다 섭취한 그날 이후, 이상하게 아내가 점점 더 이뻐 보인다. 틈만 나면 아내 꽁무니를 졸졸 따라다닌다. 덥다며 가까이 오지 말라고 하지만, 좋은 걸 어떻게 하나?

요즘은 아내도 나의 아버지 노릇에 꽤나 관대해진 눈치다.

남자에서 아빠로,
자기애를 넘어서다

 〈과속 스캔들〉 2008, 감독 강현철

남자들은 흔히 사춘기가 시작되는 중딩 시절, 옆집 누나 또는 여선생 님과의 몽환적 사랑을 꿈꾸곤 한다. 국어사전에 성애와 관련된 단어를 찾아보는 것만으로도 격렬하게 호르몬이 분비되는 시절이라는 걸, 아내 또는 아들 가진 엄마들도 잘 모르는 경우가 많다.

그래서 영화 〈과속 스캔들〉이 현실에서는 찾아보기 어려운 허무맹랑한 이야기라고 생각하기 쉽지만, 실제로 우리 주변의 '사고'친 친구들을 보면 충분히 가능한 이야기를 풀어내고 있다.

이 영화의 주인공 남현수차태현는 그런 중딩 시절을 '제대로' 거친 서른 중반의 잘나가는 독신 연예인으로 출연한다. 청취율 1위의 인기 라디오 DJ인 그에게 애청자를 자처하며 하루도 빠짐없이 라디오에 사연을 보내왔던 미혼모가, 어느 날 갑자기 집으로 찾아온다. 그것도 6살짜리 아이를 데리고……

20여 년 전, 남현수가 5살 연상의 옆집 누나와의 하룻밤 불장난으로 이 세상에 태어나게 되었다는 주장을 하는 미혼모. 결국 그녀의 주장이 진실임이 밝혀지면서, 30대 중반의 독신남과 미혼모인 그의 딸 그리고 6살배기 아이의 어색한 동거가 시작된다. 화려한 싱글생활을 만끽해오던 주인공은 졸지에 할아버지가 되고, 그의 인생은 제대로 꼬이기 시작한다.

시종일관 유쾌함을 잃지 않는 이 영화를 관통하고 있는 주제는 '부성父性의 탄생'이 아닐까 싶다. 자신에 대해서는 물론 여자에 대해서도 책임 의식이라고는 눈곱만큼도 없던 어느 철부지가, 날벼락처럼 날아온 딸 그리고 손자와 엮이게 되면서 조금씩 부성에 눈뜨게 되는 그런 이야기 말이다.

그렇다면 부성이란 도대체 어떤 것일까?

미국의 여성 문화인류학자 마거릿 미드는 생존을 위해 필연적으로 이기적일 수밖에 없는 한 인간이 자기 자신만을 향하던 사랑을 점차 주변 사람들을 향하게 되는 것, 자기애自己愛를 넘어서는 것이라고 말했다.

이 영화에서도 잘 나가는 싱글남의 보름달 같았던 자기애는 딸과 손자를 만나면서 천천히 아주 천천히 반달로 바뀌어 간다. 급기야 공개방송 중에 손자 기동이가 사라지자, 딸은 절규하며 남현수에게 도움을 청한다. 숨겨진 엄청난 과거를 까발리지 않으려면 울부짖는 딸을 외면해야 하고, 자신의 손자가 되는 기동이의 실종도 모른 체해야 하는 상황이다.

결국 남현수는 아버지이자 할아버지인 자신의 존재를 만천하에 드러내면서 무대를 박차고 나간다.

부성은 또 진정한 사랑에 눈뜨는 것이기도 하다. 독일의 철학자 에리히 프롬은 그의 명저《사랑의 기술》에서 사랑은 받는 것이 아니라 주는 것임을 강조한다. '당신은 사랑받기 위해 태어난 사람'이 아니라 '사랑은 받는 것이 아니라면서'라는 유행가를 일찍이 에리히 프롬이 불렀던 셈이다.

우리는 부모가 되기 전에는 오로지 자신만을 돌보면서 그저 사랑스러운 사람, 사랑받는 존재가 되고 싶어 한다. 될 수만 있다면 대중의 사랑을 먹고사는 화려한 싱글 라이프를 즐기는 이 영화의 주인공처럼 말이다. 하지만 자식을 낳고 나면 '주는 사랑'에 사로잡히게 된다. 남자에게는 부성애라는 형태로 나타나고, 여자에게는 모성애라는 형태로 나타난다.

에리히 프롬은 보호, 책임, 존중, 지식을 사랑의 4가지 속성으로 설명하고 있다. 이들 속성을 통하면 부성이 보다 잘 파악될 수 있다.

첫째 속성은 '보호'다. 만일 강아지를 사랑한다고 하면서 먹을 것과 잠잘 곳을 챙겨주지 않는다면, 누구도 그 사랑을 수긍할 수 없는 것과 같다. 이런 관점에서 볼 때 남현수는 날벼락 같은 딸과 손자를 적어도 내쫓지는 않았고, 이른바 '보호'는 하고 있다. 처음부터 부성의 기초적 토대는 갖춘 인간인 셈이다.

둘째 속성은 '책임'이다. 그런데 책임이라는 말이 좀 어렵다. 실제 국어사전을 찾아보면 '맡아서 해야 할 임무나 의무, 어떤 일에 관련되어 그 결과에 대하여 지는 의무나 부담 또는 그 결과로 받는 제재制裁' 등으로 설명되고 있다. 동어반복 같고 자갈 씹는 듯한 설명이다. 이럴 때 영어 해설을 보면 의외로 그 의미를 파악하는 데 도움이 되는 경우가 종종 있다. 책임은 영어로는 Responsibility인데, 지금도 i가 몇 개 들어가는지 헷갈리고 있는 이 단어는 왠지 우리말과는 좀 따로 노는 느낌이 있다.

그런데 책임을 "다른 사람의 요구표현되었든 표현되지 않았든에 대한 나의 반응이다."라는 에리히 프롬의 설명을 듣고 나니 책임의 의미가 확 와닿았다. 그리고 '반응하다'라는 뜻을 가진 Response와 어떻게 연결되는지도 잘 이해된다.

특히 '표현되지 않은 요구'에도 반응하는 것이 책임이라는 지점에서 고개가 자동인형처럼 끄덕여진다. 그러니 아이들의 표현되거나 표현되지 않은 요구에 반응하는 것이 바로 아버지의 책임이다.

남현수는 엄마의 성을 이어받은 딸 황정남의 요구에 조금씩 더 반응하고 있다. "나는 너 원한 적 없어!"라는 말을 내뱉었던 남현수이지만, 자신의 존재를 인정해주기를 간절히 원하고 가수로서 성장하고픈 딸의 요청을 인정하고 응답하면서, 아버지로서 거듭나는 모습은 우리를 감동시킨다.

셋째 속성은 '존중'이다. 존중을 뜻하는 영어 Respect의 어원은 Respicere인데 '바라보다'라는 뜻을 가지고 있다. 그래서 에리히 프롬은 "존중이란 어떤 사람을 있는 그대로 바라보고 그의 독특한 개성을 아는 능력이다."라고 말한다. 즉 아버지 남현수는 미혼모인 딸 황정남을 있는 그대로의 모습으로 인정하면서 딸의 재능을 살리는 가수의 길을 가도록 돕는다는 결말도, 주인공이 부성을 찾아가는 모습을 극적으로 그려내고 있다.

만일 이 '존중'이 없다면 아버지들의 '책임'은 지배와 소유로 타락하기 쉬울 것이다. 이 글을 쓰고 있는 요사이 아버지로서 내 딸에게 가장 유의하고 있는 포인트이기도 하다. 대학생인 내 딸의 자의식은 나의 상상을 뛰어넘는다. 하루는 딸에게 지하철에서 화장을 하는 것에 대해 비평을 늘어놓았더니 돌아온 대꾸는 명료했다.

"왜 다른 사람의 시선을 그렇게 의식해야 해. 아빠처럼 생각하는 사람이 있더라도 나는 개의치 않아."

내 의식 속에 웅크리고 있는 남녀 간 불평등을 예민하게도 냄새 맡은 것이다.

'화장'과 '내 딸'이 연결되면 우리 부부는 늘 가슴을 치게 된다. 나는 딸의 화장을 '자해 화장'이라고 부르고 싶다. 이쁘고 귀여운 자기 얼굴을 작정하고 망쳐 놓곤 한다. 어릴 때부터 지나치게 고유성Uniqueness을 강조했던 건 아닌지 반성마저 하게 된다. 어쨌든 내 기준으로는 영 아니어도 딸의 판단과 깨달음을 믿어보려고 용을 쓰고 있다. 딸이 아직 덜 여물었기 때문이라고 생각하지만, 경우에 따라서는 내가 잘못 생각하는 것일 수도 있을 테니 말이다.

이처럼 수평적 부녀관계를 만들어가려고 애쓰다 보니, 나의 바람을 딸에게 전달하기란 조심 또 조심해야 한다. 역시 존중은 쉽지 않다.

어떤 사람을 존중하려면 그 사람을 잘 알지 않으면 안 된다. 그래서 에리히 프롬은 사랑의 네 번째 속성으로 '지식'을 꼽고 있다. 여기서 말하는 지식이란 학문적 지식이 아니라, 자기 아이에 대한 지식을 말한다.

아버지가 아이를 사랑하려면 아이가 무엇에 어떻게 반응하는지를 알고 있어야 한다. 그러려면 아이를 지켜봐야 하고, 관찰해야 한다. 그러자면 최소한의 시간이 필요하다. 하지만 함께 보낼 시간을 마련하는 건 '저녁이 없는 삶'을 살아가는 오늘날 대한민국의 아버지들이 매우 취약한 지점이기도 하다. 내가 아버지운동을 하면서 단체 이름을 〈함께하는아버지들〉이라고 지은 이유도 여기에 있다. 함께해야 관찰이 되고, 최소한의 관찰을 해야 아이에 대해 알 수 있기에 그렇다.

다시 영화로 돌아가보면 남현수는 아버지의 자격이라곤 약에 쓸려 해도 찾아볼 수 없는 상태에서 출발했다. 하지만 점차 어색하고 불편했던 동거가 친근하고 자연스럽게 서로의 삶 속으로 녹아들면서, 자신의 아이들과 '함께하는' 삶으로 변모해간다. 그래서 이 영화 〈과속 스캔들〉은 부성을 발견해가는 영화라고 말할 수 있겠다.

재미, 감동, 유쾌하고 개운한 스토리에 생각해볼 거리까지 제공하고 있는 이 영화, 아직 아버지가 되지 않은 남자들도 한번쯤 보면 좋을 것 같다.

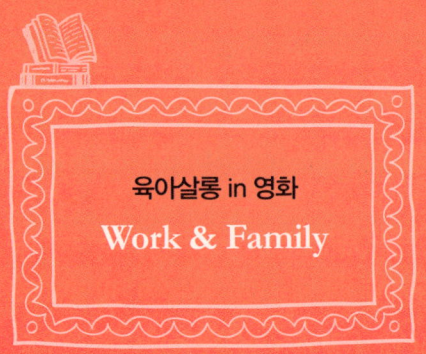

육아살롱 in 영화

Work & Family

두 마리 토끼,

'일과 가정의 숨바꼭질!'

아빠,
우리는 어디로
가는 건가요?

 〈**부산행**〉 2016, 감독 연상호

매일 두 시간을 오이도와 당고개를 오가는 지하철에서 보낸다. 가방에서 얇은 책을 꺼내 펼쳐보기도 하지만, 대부분 스마트폰을 켜서 어제 열린 국내 야구 결과나 메이저리그에서 활동하는 류현진, 추신수, 김현수의 소식을 기사와 동영상을 통해 꼼꼼히 살핀다.

그래도 시간이 남으면 더 이상 연락이 닿지 않는 누군가의 문자를 보며 지난 인연을 그리워하기도 하고, 10분 안에 아빠를 혼절시키는 두 딸아이의 웃고 우는 사진을 보기도 한다. 그러고도 아직 지하철에 있다면 앞에 선 사람의 발과 그 움직임을 쫓다가 창으로 비치는 멍한 얼굴을 본다. 좀비다.

일상을 살아내다 잊고 있던 나의 얼굴을 만나게 되면 종종 좀비 같다. 물론 지금과 같이 미친 듯 사람을 물기 위해 달려드는 좀비가 아닌 1968년 조지 로메로 감독의 〈살아있는 시체들의 밤〉에 나오는 어슬렁거리며 걸어 다니지만, 천천히 사람들을 벼랑 끝 두려움으로 몰아가는 좀비를 억지스레 닮았다.

나는 좀비영화를 찾아 보지 않는다. 귀신이나 유령도 아니고 사람이 죽었는데, 그 육신을 사용해 산 사람을 물어 자신과 같은 좀비로 만드는 설정이 불편하다. 이유와 목적도 없이 영혼 없는 몸이 되고 또 누군가를 그렇게 만드는 것은 생각만 해도 거북하다. 어쩜 나도 좀비가 되면 사람들을 좀비로 만들 수 있고, 그 대상이 친구와 가족이 될 수 있다는 것. 그 반대의 상황이 일어날 수 있다는 상상은 그동안 좀비영화를 외면하기에 충분했다.

그런데 얼마 전 천만 명이 넘는 사람들이 좀비영화를 봤다고 해서 놀랐다. 마니아들이 즐기는 것인 줄로만 알았는데, 무슨 이야기를 품었기에 그리 많은 사람들이 보았을까?

천만 관객과 좀비영화라는 불편한 조합에 대한 궁금증은 귀차니즘에 빠진 나를 일으켜 세웠다. 그리고 나는 〈부산행〉이라는 영화를 보았다.

2016년 칸영화제의 미드나잇 스크리닝 부문에서 초연된 〈부산행〉은 알 수 없는 바이러스가 퍼져 좀비가 생기고 급속히 확산되는 상황에서,

육아살롱 in 영화, 부모 3.0

기차라는 제한된 공간에서 일어나는 무언가에 대한 인간의 치열함을 담아내고 있다. 물론 어느 지점에선 세월호의 사건을 떠올리기도 하고, 노숙자에 대한 불편한 시선에서 우리 사회에 만연한 선입견을 보기도 하고, 생존을 위한 선택의 순간마다 인간의 민낯을 만나기도 한다.

문제 해결을 위한 사회 시스템의 부재와 결국 해결은 개인이 감당해야 하는 몫으로 다가오는 모습이 무겁게 다가올 즈음, 나와 가족이 당면한 그리고 감당하고 있는 육아 현실을 생각하며 그저 아빠와 딸의 이야기에 깊이 빠져든다.

✳✳✳

아빠인 석우공유는 펀드 매니저다. 바쁘다. 차근히 음식을 씹으며 점심식사를 할 수도 없어 보인다. 그런 그가 딸 수안김수안에게 생일선물을 건넨다. 충분한 보상이 되리라 기대했던 그는 잠시 후 아이의 시선을 따르다, 지난 어린이날 선물과 같은 것임을 알게 된다. 용케도 기념일을 잊지 않았던 그는 추억의 내용을 잊은 무심한 아빠가 되고 만다. 그리고 무심함을 넘어 용감한(?) 아빠가 되는데.

석우 : 다른 거 원하는 것 있으면 말해봐?
수안 : 부산, 엄마한테 가고 싶어요.

: 두 마리 토끼, '일과 가정의 숨바꼭질!' : **111**

석우 : 아까 이야기했잖아. 아빠 시간이 나면…….

수안 : 아니요. 내일요. 맨날 다음이라고만 하고, 또 거짓말이잖아요. 아빠 시간 안 뺏을게요. 혼자 갈 수 있어요.

변명마저 너무도 흔한 "아빠 시간이 나면……."

얼마 전 나는 새로운 별명을 하나 얻었다. 첫째 딸아이가 붙여준 것인데, 다름 아닌 "이따 아빠."다. '이따'는 '이따가'의 줄인 말이다. 딸이 "아빠, 같이 놀자." 하면 나는 때로 노트북을 펼치고, 때로 야구 시청에 흥분하며, 때로 스마트폰을 만지작거리며 "어, 조금만 이따가. 아빠가 이것만 하고." 했단다. 그래서 가끔 나를 "이따 아빠!"라 부른다 자주 쓰고 싶겠지만 속 좁은 아빠가 신경질까지 낼까 봐 가끔 그런다.

요즘 딸아인 슬슬 눈치를 보고는 "아빠, 그거 하고 나랑 놀 수 있어요?" 하고 묻는다. '오~ 이제 많이 커서 아빠의 상황을 보고 배려를 하는구나' 하고 생각할 수도 있겠지만, 이는 그렇게 믿고 싶은 것은 아빠의 이기심일 뿐이다.

석우의 딸 수안은 혼자서 부산을 가겠다고 한다. 아빠 시간 안 뺏을 테니 그저 허락만 해달라고 말이다. 그래 정말 혼자 갈 수 있을지도 모른다. 하지만 한 번도 그 먼길을 혼자 가본 적이 없어 보이는 녀석에게 두려움은 없었을까? 외침에 가까운 수안의 목소리에서 '혼자 가는 두려움'을 밀치고 터져 나오는 '함께 있고 싶은 간절함'이 보였다.

나는 매일 집을 나와 다시 집으로 돌아간다. 그러면 아이들과 같은 공간에서 시간을 보낸다. 하지만 얼마만큼의 시간과 공간을 온전히 함께 하느냐고 묻는다면, 나는 어슬렁거리는 좀비가 되어 말을 하지 못할지도 모른다. 영화의 중간, 좀비들이 불쌍하게 여겨질 정도로 무자비하게 때리고 던지던 상화마동석가 석우에게 말한다.

"너, 네 딸이랑 많이 못 놀아 주지. 바빠서. 네 딸이 좀 더 크면 네가 왜 그렇게 기를 쓰고 사는지 알게 되지 않겠냐? 아빠들은 원래 욕먹고 인정 못 받고, 그래도 뭐 희생하고 사는 거지 뭐. 안 그래?"

이 대사가 귀에 닿은 순간, 그의 우람한 체구에 붙은 커다랗고 굵은 손이 내게로 와 딱밤을 때린 것 같다. 정신은 온데간데없고 마음이 복잡해진다. 어떻게 받아들여야 할지 모르겠다.

과연 그럴까? 아빠는 희생해야 하는 걸까? 누구를 위해서?

야근을 하고 늦어진 퇴근임에도 곧바로 집으로 가지 않은 적이 종종 있다. 삼삼오오 모여 앉아 아빠만이 공감하는 가족의 사랑, 부성애를 안주 삼아 맥주를 마셨다. 우리가 왜 이렇게 야근을 하는지로 시작해, 귀엽고 사랑스러운 아이들의 사진을 보며 팔불출 자랑하면서 말이다.

하지만 집에는 남편과 아빠의 부재로 생긴 짜증을 서로에게 전가하다, 결국 티격태격하고는 감정이 채 풀리기도 전에 지쳐 잠이 드는 아내와 아이들이 있었다. 그들을 두고 난 여기 있어야만 했나? 왜 그렇게 기를 쓰고 욕먹고 인정 못 받는 삶에 집착해야 하나? 그렇지 않을 수는 없는 걸까?

　수년 전부터 TV에서는 여러 프로그램을 통해 아빠가 육아에 참여하며 가족과 함께하는 소위 저녁이 있는 삶을 보여주고 있다. 물론 아직 평범한 우리의 모습은 아니지만, 아빠 육아휴직자가 증가하는 현상을 보면 그 방향성만은 부인할 수 없겠다. 다만 그러한 생활이 오늘이 아니라 내일로 미루어지는 현실이 때때로 사납게 추울 뿐이다.

　영화가 종반으로 가면서, 기차는 점점 부산역에 가까워지고 살아남은 사람은 점점 줄어들게 된다. 손을 맞잡고 서로 당기고 밀어주던 이들은 하나둘 좀비가 되고 또 달려든다. 잠깐의 고요한 긴장 속에서 석우는 수안과 마주 앉았다.

　　석우 : 우리 수안이 오늘 생일인데, 걱정하지 마. 아빠가 엄마한테 꼭 데려
　　　　　다줄게.
　　수안 : 아빠는 안 무서워요?
　　석우 : 무서워, 아빠도 무서워.
　　수안 : 아까는 정말 무서웠어요. 아빠를 다시는 못 보게 될 것 같아서.

일곱 살이었던 것 같다. 나는 집에 혼자 있었다. 무슨 이유인지 기억해낼 수 없지만 TV도 볼 수 없었고, 책도 읽을 수 없었다. 그저 창으로 움직이는 사람들을 보면서 하염없이 기다렸다. 엄마는 일이 있어 잠시 다녀와야 한다고 하신 것 같은데, 엄마가 밖으로 나가신 순간부터 나는 창으로 밖을 보고 있었다.

그러다 덜컥 나도 모르게 "엄마!" 하고 소리쳤다. 무서웠다. 나는 혼자였고, 이 시간은 영원히 끝나지 않을 것 같았다. 나의 외침이 시끄러웠는지 아랫집 창문이 열리더니 두꺼운 목소리가 들려왔다. 급히 창문을 닫고 몸을 숙였다.

어제 수안처럼 무서웠던 나는, 오늘 석우처럼 무섭다. 어제 작성한 기획안이 형체를 알 수 없게 뜯기는 수모를 당할까 봐, 나만 빠진 회식에서 그들만의 은어를 만들었을까 봐, 지독히 수줍음 많은 내가 대중 앞에서 프레젠테이션을 해야 할까 봐. 어쩌면 이렇게 나를 긴장하게 만드는 직장에 더 이상 내 자리가 없게 될까 봐 두려운 것일지도 모른다.

석우가 있는 9호차에서 수안이 있는 13호차까지의 거리는 얼마나 될까?

그 사이에 만난 수많은 좀비와 사투를 벌여야 하는 상황이 석우는 힘들고 두려웠을 것이다. 대신 나는 계속해서 반복되는 일상이 끊임없이 달려드는 좀비가 되어 나와 가족을 삼켜버릴 것 같아 두렵다. 아빠는 그렇게 두렵다.

아빠 석우는 딸 수안과 이별하려 한다.

"가지 마, 아빠 가지 마. 제발, 나랑 같이 있어!"

이렇게 외치는 아이를 두고 돌아서야 하는 그는 수안이가 태어나던 순간을 회상한다. 맑고 밝은 천사의 미소를 가진 아이와 그를 품고 함께 웃는 딸바보 아빠의 모습을 보여준다. 이 장면을 두고 누군가는 삼류 신파영화라고 했다. 친절하게 울어야 할 때임을 알려줌과 동시에 눈물을 훔칠 약간의 시간도 할애해준다고 비꼬았다. 그런데 내겐 취향 저격이다. 아마 내가 가진 삼류의 감성 때문이겠지.

아내가 일찍 출근해야 하는 날, 내가 아이를 데리고 등원한 적이 있다. 허겁지겁 제대로 된 헤어짐의 인사도 없이 덜컥 아이를 원장 선생님의 품에 넘길 때, 아빠에겐 아직 정도 들지 않았을 녀석이 서럽게 울었다. 그때 처음 아이를 보며 울컥했다.

어린이집에 아이를 맡기는 엄마들은 이런 이별의 순간을 매일 겪는다. 특히 맞벌이어서 아침 일찍 등원시켜야 하는 경우, 밝은 얼굴로 엄마의 출근을 배웅하는 아이는 육아휴직을 한 아빠의 수 정도가 되려나. 영문도 모르고 헤어짐을 강요받는 아이의 우는 소리 "으앙!"은 "가지 마, 나랑 같이 있어!"라는 말일지도 모른다.

퍼지는 울음소리를 뒤로 하고 돌아서야 하는 부모의 마음은 어떨까? '내가 도대체 무슨 짓을 하고 있는 건가?' 하는 회의와 아이를 지킨다는 것의 의미, 보호하고 키우는 모습에 대한 질문을 마주하게 될 것이다.

〈부산행〉은 많은 은유를 갖고 있다. 감독의 의도와 전혀 다른 모습으로 나의 시선이 흘렀을 수도 있겠다. 하지만 분명한 건 수안이 부산에 도착하고 어두운 터널을 지나며 아빠에 들려주고 싶었던 〈알로하 오에〉를 부르는 순간, 나와 가족이 나는 어디로 가는지 찾고 싶어졌다는 것이다.

서울행인지 부산행인지도 모르고, 때론 바다와 때론 산과 함께 하나 되기를 어렴풋이 꿈꾸면서 여전히 2호선 순환열차에 몸을 싣고 있던 나는, 열차에서 내리기로 한다. 지금 여기서.

내 빵의 버터,
내 삶의 숨결을 위하여

 〈줄리 & 줄리아〉 2009, 감독 노라 애프론

요즘 나에게 새로운 취미가 하나 생겼다. 바로 '기웃거리기'다. 어떤 영화가 재미있는지, 가족과 육아에 관한 잔혹한(?) 현실을 담은 이야기가 있는지, 웃겨서 더 슬픈 아빠와 남편의 모습은 없는지를 궁금해하며 여기저기 손가락을 바삐 움직이며 클릭질을 한다.

성과 없는 헤맴에 지쳐가고 있을 때 〈해리가 샐리를 만났을 때〉, 〈시애틀의 잠 못 이루는 밤〉 등을 각본, 연출, 제작한 노라 애프론 감독의 〈줄리 & 줄리아Julie & Julia〉를 만났다. 로맨틱 코미디인 줄 알았는데, 요리하는 기혼 여성 두 명이 주인공이라고 한다.

아차! 요리가 내 생활의 목록에 들어오긴 했지만, 맛있는 음식을 즐

육아살롱 in 영화, 부모 3.0

기기보단 두 딸을 지키기 위한 생존용이기에 아직 찾아보는 관심 분야는 아니다. 그냥 스쳐 지나치려는데, '요리 이야기'가 아니라 '결혼 이야기'라는 한 네티즌의 평가에 시선이 멈추었다. 그래서 보았다. 시청 후에 내가 도달한 결론은 일상의 고단함에 지친 부부에게, 특히 치유가 필요한 아내에게 위로가 될 부부 성장영화라는 것이다.

영화는 1949년 줄리아 차일드메릴 스트립라는 여인이 외교관 남편과 함께 프랑스에 도착하면서 시작한다. 말이 잘 통하지 않는 외국에서도 밝은 모습이지만, 지나는 유모차에 있는 아이를 보고는 울컥하는 그녀의 마음 한 곳은 비어 있다. 모자 만들기에도 참가하고 브리지 게임을 배우기도 하지만, 도통 흥미를 느끼지 못한다. 남편 폴은 "진짜 하고 싶은 일이 뭐야?" 하며 묻고, 줄리아는 "먹기, 계속 먹고만 싶어요." 하고 답한다. 그런 아내에게 폴은 요리대백과를 선물하고, 줄리아는 '꼬르동 블루'라는 요리학교를 다니게 된다.

2002년 뉴욕의 퀸즈에는 줄리에이미 애덤스라는 여인이 있다. 남편 에릭의 회사 근처로 이사를 했는데, 피자가게의 2층 집이다. 지나는 트럭의 소음은 그녀를 한층 더 우울하게 만든다. 그리고 회사의 반복되는 업무와 부유한 친구의 잘난 척은 그녀를 점점 작아지게 한다.

우연히 에릭의 추천으로 블로그를 시작하는데, 줄리아가 쓴 책을 쫓아 365일간 524개의 레시피를 완성하는 프로젝트를 진행하기로 결심한다.

줄리와 줄리아를 통해 시간과 공간을 오가는 이 영화에는 '아이를 돌보는 육아'는 등장하지 않는다. 하지만 두 여성이 보여주는 일상과 이를 극복하는 태도는 반복되는 오늘을 그저 살아내는 부부 혹은 독박 육아를 하며 자신의 존재에 대해 고민에 빠져 자존감 상실에 이르기도 하는 이에게, 삶을 경쾌하게 요리하는 방법을 보여준다고 하겠다.

2007년 결혼을 하고 아이들이 하나둘 생기면서 나의 생활도 많은 변화가 있었다. 특히 두 번의 육아휴직을 통해 육아와 가사를 경험하면서 존재에 대한 생각이 많아졌다. 청소와 빨래는 물론이고 아이들의 의식주, 등·하원, 학습, 건강 등을 챙기다보면 '나'는 없고 가족의 생활에만 퐁당 빠져 사는 때가 있다. 때론 우울증 같기도 하고, 이른(?) 갱년기 증상 같기도 하다.

줄리와 줄리아의 답답함에 공감한 나는 동질감에 더하여 안도감을 느꼈다. '나는 누구인가? 왜 이렇게 사는가?' 하는 고민이 내게만 병적으로 찾아온 것이 아니라는 사실에 말이다. 누군가에겐 일찍 또 다른 누군가에겐 천천히 다가오겠지만, 일단 이 질문을 마주하게 되면 그 막막함이란 예외가 없을 것 같다.

TV 요리 프로그램에 출연한 줄리아는 프라이팬에 담긴 재료를 보며

육아살롱 in 영화, 부모 3.0

이렇게 말한다.

"이제 뒤집어보도록 하죠. 대담함이 필요한 일인데요. 뭔가 뒤집을 때는 주저 말고 확 뒤집으세요. 특히 무른 반죽일 때는 실패 확률이 높죠. (진짜 실패하고는) 방금 뒤집을 때는 용기가 부족했어요. 과감하질 못했죠. 떨어진 건 다시 붙이세요. 보는 사람도 없는데 알 게 뭐에요. 보나베띠!Bon appétit, 많이 드십시오!"

반복되는 일상에서 나란 존재가 간절히 찾고 싶을 때에는 요리처럼 뒤집어야 할지도 모른다. 어떻게? 확! 그녀들처럼! 주저하지 말고 확!

줄리아는 요리사가 있는 집의 여성을 위한 요리 과정에서 요리사가 되려는 전문가 과정으로 옮긴다. 같은 수강생의 재빠른 양파 썰기에 주눅이 들 것 같다가, 주방 한가득 양파로 성을 쌓으며 연습하고는 자신감을 회복한다.

한 파티에서 우연히 시몬과 루이제트를 만나게 되고, 셋은 함께 요리를 가르치고 책을 출간하기로 의기투합한다. 보스턴에 사는 에이버스라는 친구 덕에 미플린 출판사의 출간 제안을 받는데, 700쪽이 넘는 거대한 분량으로 총 7권의 출간을 제안하지만 독자의 관심을 끄는 새로운 방식으로 다시 집필하길 권유받는다.

예상하지 못한 출판사의 반응과 어마어마한 분량의 글을 다시 작성해야 한다는 사실에 좌절한다. 하지만 줄리아는 애당초 요리책을 쓴 목적이 '요리사 없는 미국 여성들을 위한 프랑스 요리책을 쓰는 것'이었음을 기억해내고는 초심으로 돌아가 다시 쓴다.

줄리는 줄리아의 책을 따라 요리를 하고 블로그에 글을 올린다. 성공한 요리 이야기뿐만 아니라 실수의 과정, 극심한 좌절과 무기력함을 솔직하게 표현한다. 댓글 하나 없는 상황에 맥이 빠지고 '내가 누구랑 대화를 하고 있는 것인가?' 하는 의문을 갖기도 한다.

줄리는 반복되는 실패와 블로그에 그만 올리라는 남편의 유혹에도, 줄리아가 함께하는 것이니 진짜로 해야 한다고 첫 마음을 되살린다. 그리고 조금씩 늘어나는 타인의 응원과 그들이 보내주는 핫소스는 그녀의 감정 근육을 더욱 탄력 있게 만든다.

초심으로 돌아간 그녀들에게 뒤집기 재료가 너무 무른 반죽이었을까? 아니면 용기가 부족했을까?

줄리아는 출간이 어렵다는 편지를 받는다. 요리책에 부은 8년이 무용지물이 되었다는, 지난 노력이 세상에 빛도 보지 못하게 되었다는 사실에 그녀는 진실로 좌절하고 깊이 슬퍼한다. 줄리는 한껏 기뻐하며 준비했던 요리 전설 주디스의 방문이 취소되자, 잔뜩 실망한다.

✳✳✳

물 속 깊숙이 잠기는 듯 가라앉은 그녀들이 과연 힘찬 돌핀킥을 하며 다시 물 위로 떠오를 수 있을까?

줄리아에게는 남편 폴이 있다. 나란히 소파에 앉아 눈을 마주하며, 부드러운 목소리로 '당신이 아니면 할 수 없는 일이고, 누군가 당신의 책을 알아볼 것이고, 그 책이 세상을 바꿀 것'이라고 응원한다. 심지어 당신은 이미 요리 선생이니 부엌이 아닌 TV에 출연해서 가르쳐도 된다며 아내를 웃게 만든다.

이런 폴은 워싱턴으로 소환되어 3일간 심문을 받고, 조직과 나라에 대한 헌신이 무엇을 위한 것인지, 지난 시간과 존재에 의문을 가지며 힘들어하던 때였다. 회사에서 풀지 못한 업무와 꼬여 버린 감정을 떨치지 못하고 집으로 가져와선 영문도 모르는 가족들에게 불평을 늘어놓던 나에겐, 폴의 행동이 그저 신기함과 부러움의 대상일 뿐이다.

줄리에게는 남편 에릭이 있다. 비록 아내의 행동에 화를 내며 집을 나가지만 아내의 전화에 금세 집으로 돌아오는 현실적인 남자다. 줄리는 점점 더 알려지고 뉴욕 타임스에 인터뷰 기사가 소개되기도 한다. 그러다 정신적 스승이었던 줄리아가 자신의 블로그를 싫어한다는 한 기자의 연락을 받고는 다시 자존감이 급하강한다. 이때 에릭이 마주 앉았다.

"당신의 일을 이해 못한다면 그건 그녀의 잘못이야. 당신 머릿속에 있는 줄리아 차일드가 완벽하지, 당신의 일을 이해하지 못하는 줄리아 차일드는 완벽하지 않아. 당신 스스로가 구해낸 거야."

실화를 바탕으로 제작된 것이라지만, 현실에서 찾아보기 쉬운 인물들은 아니다. 그러니 영화로 만들었겠지만. 다행히 에릭의 등장은 큰 위안이다. 좁은 주방에 속상한 아내의 푸념을 모른 척하기도 하고, 일상의 작은 변화를 위해 아내의 블로그를 만들어주는 모습, 때론 격하게 삐치고 스멀스멀 화해하는 능글함에 깊숙이 공감한다.

내 서랍 속엔 4년 전 기획하고 2년 전 탈고한 원고가 미동도 없이 잠들어 있다. 나를 아저씨라고 부르고는 조그마한 입술을 삐죽이는 세 살 아이와 놀고, 친구랑 놀다 지쳐 집에 온 아홉 살 아이의 종아리를 주물러야 하는 현실에서, 빨래와 청소를 마치면 어느덧 다가올 저녁 메뉴를 고민한다.

등 돌리고 잠들어 버리고 싶은 순간에서도 기를 쓰고 이렇게 무언가를 적고 있는 나는, 회사에서 사라지는 나의 자리와 가족의 생활에 묻히는 나라는 존재의 경계에서 허우적거리고 있는지도 모른다.

지난 12월 30일, 내게도 영화 같은 일이 생겼다.

"올 한 해도 육아와 가사 그리고 작업까지 고생 많았어요. 노력만큼 결실이 이루어지지 않아 마음이 안 좋기도 하겠지만, 우리 가족은 오빠 덕에 많이 풍성하고 행복했으니까 기운 내요. 앞으로도 지금처럼 건강히 우리 옆에 있어줄 거죠? 매 순간 고맙고 사랑해요."

아내가 손편지를 보냈다. 그 덕에 나는 아직 4년의 숙성이 더 필요하

육아살롱 in 영화, 부모 3.0

다는 사실을 깨달았고, 차근히 돌핀킥을 배워 거친 물살을 차 오르기로 마음먹었다. 줄리와 줄리아처럼 유명하진 않겠지만 자존감을 회복하고 살아갈 수 있겠지.

삶의 정체기를 경험하고 있거나, 일상에 휩쓸려 쉼 없이 살아가는 혹은 가사와 육아에 매몰되어 자신의 존재를 잃어가는 아내에게 따스한 손으로 마음을 담은 글을 편지에 적어보는 것은 어떨까?

"결혼해서 지금까지 육아와 가사, 내 곁에 있느라 고생 많았어요. 노력만큼 남편인 내가 알아주지도 않아 몸과 마음이 안 좋겠지만, 우리가 여전히 가족일 수 있어 고마워요. 앞으로도 건강히 우리와 함께할 거죠? 매 순간 고맙고 사랑해요."

아~ 적고 보니 아내 글의 표절이다. 민망하지만 마음만은 진심이니까. 참, 폴이 줄리아에게 줄리가 에릭에게 선물한 이 말을 덧붙여도 좋겠다.

"당신은 내 빵의 버터이고, 내 삶의 숨결이야You are the butter to my bread and breathe to my life."

일과 가정의
숨바꼭질

 〈스포트라이트〉 2015, 감독 토마스 맥카시

아내는 회사로, 첫째는 학교로, 둘째는 어린이집으로, 모두 각자의 자리로 떠났다. 홀로 남은 나는 창으로 들이치는 햇살에 목을 빼고 앉았다. 빨래는 어제 했고, 청소는 내일 할 거다. 그러니 오늘은 이렇게 멍하기로 한다. 눈앞으로 다가온 복직을 생각하니 싱숭생숭하다.

월요일 새벽 갑자기 아이들이 아프기라도 하면, 학교나 놀이터에서 친구들과 놀다가 상처받았을 때 모르고 지나쳐 녀석의 슬픔이 쌓이면 어떡하나 걱정하다가도, 같이 보낸 시간 덕에 아이들과 내가 감당하고 극복할 수 있으리라 믿어보기로 한다. 정작 고민은 나다. 새로운 환경에서 일하게 될 텐데, 낯선 업무와 동료에 적응하느라 한동안 아등바

등하겠다.

육아와 가사에 정신줄을 빼앗긴 휴직 초기와 달리 최근엔 출근하고 싶다는 마음이 가끔 생긴다. 레시피를 검색해 정성스레 만든 음식에 맛을 평하며 깁을 찾거나, 땀나게 뛰어놀고 목이 따끔 할 정도로 책을 읽었는데도, 뭐가 부족한지 연신 아빠를 불러대는 녀석들을 보면 회사로 달아나고 싶다.

지친 마음과 텅빈 머리를 달래려 영화를 골랐다. 2015년 제작된 토마스 맥카시 감독의 〈스포트라이트Spotlight〉다. '세상을 바꾼 최강의 팀 플레이'라는 홍보문구가 눈에 띄는데, 2016년 아카데미 시상식에서 최우수작품상과 각본상을 수상했다.

미국의 3대 일간지 중 하나인 보스턴 글로브에는 '스포트라이트'라는 특별취재팀이 있다. 4명으로 구성된 이 팀은 신임 국장 배런리브 슈라이버이 제안한 의견을 수용해, 보스턴 내 가톨릭 교구 사제들의 아동 성추행 사건을 취재하기 시작한다.

한 걸음씩 진실에 다가갈 때마다 눈앞을 가로막는 거대한 벽이 나타난다. 그래도 멈추지 않고 끝까지 담대하게 나아가는 기자들의 모습이 인상적이다. 성추행 피해자들이 생과 사의 기로에서 극단적인 선택을 한 후에야 비로소, 그들의 고통이 신문을 통해 세상에 전해지는 과정을 차분하게 담아냈다.

✳✳✳

실화를 바탕으로 한 이 영화를 보며 나는 두 아이의 아빠로서 사제들의 아동 성추행이라는 사건에 분노하기도 했지만, 팀장 월터 로빈슨마이클 키튼을 비롯해 사샤 파이퍼레이첼 맥아담스, 마이크 레젠데스마크 러팔로 등 4명의 기자가 끊임없이 파고든 취재로 결국 진실을 밝혀내는 모습에 '동료들과 합을 맞추며 일을 하던 때가 언제였더라?' 하며 부러워했다.

집이나 도서관, 카페는 물론이고 식당, 버스정류장에서도 서류와 전화를 붙잡고 사실을 확인하며 긴 기다림을 견뎌야 했다. 하지만 온 힘을 다해 밝혀낸 진실이 우리 사회를 한 걸음 더 나아가게 하는 일이 되었으니, '그 충만함이 얼마나 클까?' 상상하는 내게도 짜릿함이 샘솟는다.

그런 중 열혈 기자 마이크가 피해자들의 변호사인 미첼 개러비디언스탠리 투치과 식사하며 나눈 이야기에 잠시 멈칫했다. 정보를 얻기 위해 끈질기게 쫓아다니는 마이크에게 미첼은 "결혼은 했어요? 아내는 이런 생활을 어떻게 생각해요?"라고 묻는다. "당연히 싫어하죠!" 하며 답하는 마이크에게 미첼은 "그래서 난 결혼 안 해요."라고 말한다.

집에서 늦은 저녁식사를 해결하려 냉장고를 열다가도 전화가 울리면 메모지를 들고 취재 모드로 전환해야 하는 마이크의 생활을 보면 아내가 그리 좋아할 것 같지 않다. 잠깐 등장하는 마이크의 집엔 아내는 물론 그녀의 흔적조차 없었다. 언제부터 없었는지, 둘 사이에 어떤 문제가 있었는지 알 수 없지만, 결혼할 때 서로를 아끼고 영원히 함께하자고 다짐했던 마음이 변한 것에 마이크의 업무 특성이 커다란 원인으로 작용했을 것이라 짐작된다.

신기하게도 마이크와 미첼은 모두 우리 사회의 가정이 더 안전하고 건강하도록 자신의 일에서 최선을 다하고 있는데, 더욱이 미첼은 '아이를 키우는 것도 마을 전체의 책임이고, 아이를 학대하는 것도 마을 전체의 책임이다'라는 신념으로 살아가는데, 그들에게선 가정이 보이지 않는다.

두 사람에게 일과 가정은 무엇이었을까?

한쪽이 득을 보면 다른 쪽은 손해를 보는 제로섬Zero-Sum 같기도 하고, 이쪽을 누르면 저쪽이 튀어나오는 풍선 같기도 하다. 또 뱅글뱅글 자기의 꼬리를 잡기 위해 제자리에서 원을 그리며 뛰어다니는 강아지 같기도 하고, 단 둘이서 숨바꼭질을 해야 하는 비운의 단짝 친구 같기도 하다.

일과 가정, 양자택일의 현실에서 육아휴직을 선택한 나에게 일이란 무엇일까?

우선, 나와 가족의 생계유지를 위한 수단이다. 먹고 입고 잠잘 곳을 마련하려면 일정 수준의 돈이 필요한데, 이를 위해 회사를 다니는 경제활동을 해야 한다.

그렇게 번 돈으로 따뜻한 밥을 먹고, 깨끗한 옷을 입으며, 네 식구가 누우면 꽉 차는 방에서 함께 이불을 덮을 수 있다. '육아휴직을 하면 어떨까?' 하는 고민할 때도 가장 먼저 줄어드는 수입을 어떻게 감당할지 생각했으니 말이다.

그래서였을까? 회사를 다니면서는 야근이 잦더라도 빨리 승진할 수 있는 부서로 이동하고 싶어한 적도 있고, 인사권을 가진 상사가 원하는 업무와 그 방향을 먼저 살피려 한 적도 있다. 직위가 높아지면 더 넓은 집으로 옮기고, 고급 레스토랑에서 값비싼 식사를 즐기며, 주위에 어깨를 으쓱할 수도 있을 것 같았다.

물론 내가 처음부터 그런 것은 아니었다. 사회 초년생일 때는 일에 대한 사명감도 있었고 때때로 성취감과 보람을 느끼기도 했는데, 언제부턴가 점점 흐려지고 있었다.

여전히 나의 두 딸은 서로를 밀치기도 하고 다시는 안 볼 것처럼 목소리를 높이지만, 이젠 아빠의 개입 없이도 화해하고 낄낄거리며 다시 놀만큼 자랐다.

이제는 출근해서 일을 통해 지속 가능한 존재감을 일구며 보람도 찾고 싶다. 물론 두 아이가 초등학교를 거쳐 상급학교로 진학할수록, 다녀야 할 학원 수가 늘어나 사교육비가 더 많이 필요할 수도 있겠다. 또 퇴직 후의 생계를 위한 자금을 미리 준비해야 한다는 소리도 들린다. 그래서 복직을 하면 이전보다 더 간절히 자리와 급여에 집착할지도 모른다. 하지만 오늘은 온전히 일의 의미와 보람에 매달려보기로 한다.

얼마 전 한 모임에서 옛 직장 동료들을 만났다. A는 변하지 않는 조직 문화에 혀를 내두르며 고개를 저었고, B는 이번엔 진짜라고 반복하며 지난번 모임에서도 말한 이직을 꼭 해내고야 말겠다고 했다. 자타가 공인하는 능력자인 C는 높은 직급과 연봉으로의 이직을 권유받고도 지금 업무에 만족해하며, 승진 없이 같은 급여라도 현재의 일을 계속하면 좋겠다고 했다. 다른 사람을 관리하는 능력이 부족하니 팀장이 되기보다 한 분야의 전문가가 되어 능률적으로 일을 처리하면 효율적인 시간 활용도 가능해져 봉사활동도 꾸준히 이어갈 수 있으니, 회사도 좋고 자신도 좋다며 말이다.

경력이 쌓일수록 승진과 사직 사이에 놓이는 회사의 운영 시스템에서 그의 바람이 실현될지는 미지수다. 하지만 직장과 개인의 생활에 조화를 고민하고 일의 의미를 찾아가는 모습에서 곧 그만의 독특한 대안을 찾을 것 같다.

지금 내 머릿속은 일과 가정의 양립에 대한 고민으로 혼돈스럽다. 휴직을 하고 가정의 소중함을 느끼게 되었지만 직장과는 단절된 시간이었다. 복직을 하면 아이들과 함께 보내며 느꼈던 기쁨과 충만함을 일에서도 함께 찾고 싶은데, 이는 과욕일까?

달라질 환경에서 일과 가정의 양립을 위한 균형추를 어디에 어떻게 두어야 할지, 또 아이들이 성장하면서 달라지는 돌발변수는 어떻게 감당해야 할지 막막하다.

✳✳✳

스포트라이트 팀이 아동 성애자 신부 50명을 확인하고 기사를 내려고 할 때, 국장 배런은 팀원들에게 전체 시스템에 대한 접근을 요청하며 말한다.

"(신부 50명의 아동 성추행을 보도한다면) 포터를 보도했을 때처럼 설전이 벌어지겠지. 그럼 잡음만 커지고 하나도 바뀌지 않아. 신부 개개인이 아니라 교회에 집중해야 해. 관행과 정책, 교회가 혐의를 피하려고 법을 악용한 정황, 교회가 문제 신부들을 계속해서 다른 교구로 전출보낸 정황, 상부에서 체계적으로 은폐한 정황을 찾으라는 거야."

이 말을 듣고서 나는 또 엉뚱하게 일과 가정의 양립을 떠올렸다.

내게 일과 가정은 두 그루의 나무였다. 햇볕을 잘 들게 하고, 물과 거름을 챙기며, 때로 이야기를 나누며 열정을 다해 돌보려 했다. 하지만 한쪽에 정성을 쏟으면 금세 시간이 흘러 어두워졌고, 다른 쪽엔 물 한 번 뿌려줄 겨를이 없었다.

그래서 선택과 집중을 한다며 열매를 많이 맺을 수 있는 나무를 골라 건강하고 장대하게 키우려 노력했다.

그런데 내가 포기한 쪽은 열매가 많지 않지만 잎이 무성하여 언제나 우리가 쉴 수 있는 그늘을 만들어주고, 스케이트 선수의 허벅지보다 큰 나뭇가지로 그네를 달고서 아이들을 신나게 해주는 나무였다.

직장생활을 멈추고 가사와 육아를 시작하면서, 같이 땀흘리고 소박한 밥상을 깨끗이 비운 후 까르르 웃다가 엄마 대신 아빠랑 잘 거라며 베개를 들고 다가오는 녀석들을 볼 때마다, 새삼 '쉼'을 주는 나무의 소중함을 느끼게 되었다.

그래서인지 배런 국장의 "신부 개개인이 아니라 교회에 집중해야 해."라는 말에서 나의 삶을 이루는 일과 가정이 독립된 나무가 아니라 연리지連理枝가 아닐까 생각했다. 한 나무와 다른 나무의 가지가 서로 붙어서 하나로 이어진 나무인데, 한쪽이 죽어 가면 다른 쪽에서 영양분을 공급하여 살아가게 한단다.

어떤 날엔 일에만 집중하고, 또 다른 날엔 가정만 돌보았던 나는 가까스로 두 나무의 생명을 이어 가긴 했지만 제대로 성장했다고 말할 수 없겠다. 아마도 얼마 더 그리 지냈다면, 결국 일과 가정 모두에서 나의 삶은 점점 빛을 잃었을 것이다.

알랭 드 보통은 《일의 기쁨과 슬픔》이라는 책에서 '일의 의미'를 말했다.

"일이 의미 있게 느껴지는 건 언제일까? 우리가 하는 일이 다른 사람의 기쁨을 자아내거나 고통을 줄여줄 때가 아닐까? 우리는 스스로 이기적으로 타고났다고 생각하도록 종종 배워왔지만, 일에서 의미를 찾는 방향으로 행동하려는 갈망은 지위나 돈에 대한 욕심만큼이나 완강하게 우리의 한 부분을 이루고 있는 듯하다. 우리는 합리적인 정신 상태에서도 '안전한 출셋길을 버리고 말리위 시골 마을에 먹을 물을 공급하는 일을 도우면 어떨까' 하는 생각을 한다. (중략) 그러나 의미 있는 일이라는 개념을 너무 좁혀서, 의사나 콜카타의 수녀나 과거의 거장에게만 초점을 맞추는 것은 경계해야 한다. 그렇게 사람들에게 추앙받지 않으면서도 다수에게 보탬이 되는 일을 할 수 있기 때문이다."

나는 알랭 드 보통이 말한 '일'을 '삶'이라고 읽었다. 내 삶이 의미 있다고 느껴지는 건, 다른 사람의 기쁨을 자아내거나 고통을 줄여줄 때가 아닐까?

많은 열매를 수확하여 가족, 이웃과 함께 나눌 넉넉함을, 그들이 지치고 넘어졌을 때 차 한 잔 내어주며 마음을 나눌 따뜻함을 가진 삶이라면 좋겠다.

사람마다 하는 일이 제각기 다르고, 살아가는 가정 상황도 매우 다양하다. 그러니 일과 가정에서 개인의 선택 또한 천차만별이고, 각 개인에게서도 시기마다 둘의 가중치를 달리하는 순간이 생기기 마련이다. 그러니 딱 정해놓고 이렇게 해야지 하는 방법은 애초부터 존재하지 않을지 모른다.

다만 일과 가정이 서로를 지탱하는 힘이라는 인식이 그동안 내 머릿속을 가득 채운 어두운 구름이 걷히는 출발점이길 바란다.

양성평등을 꿈꾸는 나,
이율배반적인가?

 《해피 이벤트》 2013, 감독 레미 베잔송

DVD 대여점에서 손님과 점원으로 만난 바바라루이즈 보르고앙와 니콜라스피오 마르마이, 그들은 말 대신 영화 제목을 보여주는 방법으로 상대의 마음을 밀고 당긴다. 조금씩 가까워진 둘은 점점 경계가 없는 하나가 되었다가 호기롭게 셋이 되기로 결심한다.

행복으로 가득할 것만 같은 임신 9개월의 시작에 바바라는 화장실에서 변기를 잡고 있다. 다름 아닌 입덧 때문이다. 초음파를 통해 아이의 심장소리를 듣고서는 우주 탄생의 신비를 경험한 듯 감격하기도 하고, 점점 불러오는 배를 보면서는 자기 안에 외계인이 사는 것 같다며 두려워하기도 한다. 달콤하게 영원한 사랑을 속삭였던 남편이, 널뛰는

육아살롱 in 영화, 부모 3.0

아내의 감정에 공감은커녕 이 모든 것을 대수롭지 않은 것으로 만드는 행동에 좌절하기도 한다.

레미 베잔송 감독의 영화 〈해피 이벤트A Happy Event〉는 보통의 부부가 출산을 기준으로 전과 후 1년 사이에 경험하는 대부분의 사건, 고민, 갈등을 여과 없이 보여준다. 육아를 책으로 익히려 애쓰던 시절, 파멜라 드러키맨이 지은 《프랑스 아이처럼》을 읽은 적이 있다. 생후 3개월이 되면 밤새 한 번도 깨지 않고 자며, 어른의 관심을 얻으려 떼쓰는 일도 없다는 프랑스 아이를, 모유가 좋다는 건 알지만 엄마 인생이 더 소중하다며 분유를 먹이고 소리치지 않고도 권위를 확립한다는 프랑스 부부를, 그리고 그들의 양육 현실을 무척이나 부러워했다.

그런데 이 영화를 보니 육아 현실의 냉혹함은 한국과 프랑스, 나와 너의 구분 없이 어디에서나 누구에게나 존재하는 것 같았다. 심지어 묘한 동질감과 안도감을 느끼며 남편인 니콜라스의 엉뚱한 행동에 합리적인(?) 변명까지 시도했다. 그러다 바바라의 신체적, 정신적 변화를 지켜보던 나는 어느새 그녀와 함께 남편 니콜라스에게 분노하기에 이른다.

이 정도면 백년해로를 위해 영화를 결재하고 아내는 남편의 손을, 남편은 아내의 손을 맞잡고 TV 앞에서 100분을 견디는 수고는 충분히 의미 있지 않을까 싶다.

✽✽✽

첫째, 출산 과정에서 드러나는 남편의 용기에 놀라다.

니콜라스는 출산을 준비하며 바바라와 함께 아기용품을 보러 다닌다. 지친 몸을 이끌고 집으로 돌아온 바바라는 거실을 휘익 둘러보고 아이와 함께 셋이 살기에는 좁지 않느냐고 말한다. 니콜라스는 기다렸다는 듯 면접을 보았다고 한다. 영화감독이 되겠다는 꿈을 접고 취직을 하겠다는 뜻이다. 이 얼마나 듬직한 남편이자 아빠의 모습인가?

바바라가 분만실에 들어갔을 때, 뒤따르는 그는 위생복을 입으면서 신발에 껴야 할 것을 머리에 쓴다 아마도 아내의 긴장을 풀어주기 위해서겠지. 진통을 시작한 아내가 힘들어하며 "가만 내버려둬." 하자 "나가 있을게." 라고 답하고, 건조한 분만실에서 얼굴에 열이 오르는 임산부를 위해 의사가 건네준 미스트를 자신의 얼굴에 뿌리는 니콜라스다 순진한 것인지 고수의 한 수인지, 눈치가 없어서인지 혼란스럽다.

그의 용감함이 차고 넘치는 장면은 또 있다. 바로 아내가 진통으로 생과 사의 고통을 오가는 순간에, 출산 준비 수업에 결석한 것을 알고는 "어디 갔었어? 어디 갔었냐고?" 하며 다그치는 것이다. 아내와 함께 수업에 참석했다면 애초부터 질문 자체가 생기지 않았을 터인데 말이다.

둘째, 육아 환경에도 굳건히 자신을 지켜온 남편에 당황하다.

병원에서 퇴원하던 날, 바바라는 쉽게 병실을 떠나지 못한다. '내가 잘할 수 있을까?' 하는 두려움에 울고 울고 또 울었다. 집으로 돌아온 그녀에겐 두려워할 여유도, 눈물을 흘릴 시간도 없다. 잠깐 아이가 잠든 사이 음식을 앞에 두고서, 세탁기를 뒤에 두고서, 노트북을 켜두고서 졸고 졸고 또 조는 일상을 보낸다.

식탁에서 졸고 있는 바바라를 본 니콜라스는 "이제 밤에 잘 자니 다행이야."라고 한다. 어이없는 표정의 바바라는 "밤에 잘 자? 밤에 잘 자는 건 우리 딸이 아닌데?" 하며 일갈하고, 천진하게 빵에 잼을 바르던 니콜라스는 "티셔츠가 하나뿐이야?"라고 묻는다. 게다가 일요일 아침 8시에 벨이 울리자, 25번이나 전화해서 겨우 예약한 냉장고 수리원이라는 바바라의 설명에도 "일요일 아침에? 내 생각은 안 해?" 하며 소리친다.

임신과 출산으로 모든 것이 변한 아내를 보면서도 결혼 전, 출산 전 자신의 라이프스타일을 초지일관 지켜내는 뚝심 있는 남편이다.

셋째, 니콜라스가 꺼낸 히든카드에 고개를 숙이다.

결국 참지 못하고 고충을 쏟아내는 아내를 위해 믿음직한 남편은 "걱정 마, 내가 해결해줄게." 하며 문제 해결에 적극 나선다. 그런데 알고 보니 그가 말한 '나'는 '자신'이 아니라 '나의 엄마' 즉 시어머니 찬스를 말하는 것이었다.

시어머니의 방문에 인터폰으로 현관문을 열고서 급격히 식어가는 바바라의 얼굴은 앞으로의 모든 것을 암시했다. 그 첫날 모유 수유를 원하는 바바라에게 시어머니는 "원하기만 하면 뭐 하니? 제대로 못 하잖아. 걱정 마, 내가 도와줄게. 난 니콜라스가 5살 때까지 젖을 먹였어. 그러니 나만 믿어. 넌 엄마 젖 먹고 자랐니?" 하며 도움으로 시작해 훈계로 마무리한다.

설명이 필요 없는 고부간의 마찰에 니콜라스는 "도와주러 온 사람에게 왜 시비야? 그럼 장모님 모셔와 봐. 얼마나 버티나 보게."라며 아내의 가슴에 비수를 꽂는다.

영화를 보면 등장인물의 행동과 나의 경험이 겹치거나 연상되는 부분이 있다. 특히 나와 니콜라스는 '남편'이라는 이름 외에 별도의 수식어가 필요 없을 만큼 닮았다. 동지된 의무로서 순간순간 나의 이야기로 지원사격을 하고 싶다가도 매번 목구멍을 넘지 못하고 그 앞에서 탁 하고 막혔다.

니콜라스와 바바라, 이 부부에 대한 짙은 공감에서 생겨난 아내에 대한 민망함과 미안함 때문인지도 모르겠다.

남성으로서, 남편으로서 책임보다 권리, 기득권에 안주하던 내가 주제넘게 양성평등을 생각해본다. 물론 페미니즘을 논하거나 그 찬반을 주장할 정도의 지식은 없다. 단지 출산과 육아의 과정에 홀로 선 바바라가 아내와 엄마라는 이름에 눌려 본래 자신의 이름을 점차 잃어가는 모습을 보면서, 나의 어머니와 아내가 그리고 딸이 남성이 아닌 여성이고, 그래서 짊어진 또 짊어질 삶의 무게가 있음을 깨달았기 때문이다.

영화 속 바바라는 육아와 가사의 무한 반복 속에서도 고군분투하며 시간을 나누고 쪼개서 자신의 논문을 완성했다. 이에 지도교수는 "우수 학생이고 실력을 인정했었어. 그런데 자네가 제출한 논문은 정보의 자투리에 불과해. 의도도 모르겠고 철학과는 거리가 멀어." 하며, 조교수 자리는 다른 이에게 갔다는 소식을 덤으로 얹어주었다.

여성이기에 논문이 통과되지 못하고 조교수 임용에 탈락한 것은 아니지만, 엄마이자 아내였기에 아니 그 역할에 자신을 온전히 빠뜨려야 했기에 지금껏 걸어온 자신만의 영역에서 멀어졌다는 냉정한 평가를 받은 것임은 분명하다.

두 아이를 낳으며 휴직과 복직을 번갈아 하던 아내가 동기들과 몇몇 후배들마저 먼저 보낸 후에야 비로소 승진의 기회를 엿보던 것이 떠올랐다. 경력 단절녀가 되지 않고 돌아갈 직장이 있다는 것에 만족했던 나는 그동안 아내가 직장 상사와 동료에게 어떠한 평가를 받았을지, 또 어떤 일을 감수해야 했을지 이제야 짐작해본다.

얼마 전 어머니께서 공공기관에서 추진하는 실버 바리스타 일자리에 응모하셨다. 교육을 받고 필기시험을 치른 후 면접까지 보셨단다.

"커피를 좋아하느냐?"는 면접관의 물음에 좋아하진 않지만 합격하면 노력하겠다고 하신 어머니는 돌아오는 길에 '그냥 좋아한다고 했어야 하는데' 하며 후회하셨단다.

생전 처음으로 집을 벗어나 자신의 이름이 불리며, 당당히 일을 하고 급여를 받을 수 있는 기회를 놓칠 것만 같았기에 그러셨던 모양이다. 요즘 전화기를 통해 들려오는 어머니의 목소리는 유달리 밝고 경쾌하다. 커피색 유니폼이 마음에 드시는지 사진을 찍어 보내셨다. 예순을 훌쩍 넘긴 연세에 출근하는 기쁨이 이토록 그녀를 생기 넘치게 만들다니, 그동안 답답해서 어찌 사셨을까 미안한 마음이다.

아직 10대에 이르지 못한 딸이 자라 20대가 되고 30대로 살아갈 우리 사회 모습이 궁금해진다. 하늘의 기운을 받은 누군가 이 땅에 나타나 모든 상황을 단번에 해결할 묘수를 찾아내서 남성과 여성, 남편과 아내, 부모와 아이에게 평등과 행복을 선물해준다면 얼마나 좋을까?

딸아이의 아빠로서 양성평등에 기반한 사회로의 진화를 기대하지만, 어머니와 아내의 모습으로 보건대 한 번에 리셋하고 재설치할 수 있는 것의 성질이 아니니 희망만을 말할 수는 없겠다. 생각만으로 답답해지는 사회의 변화는 차치하고 나와 가족이 당면한 현실로 돌아가자.

✳✳✳

아내와 남편의 양성평등, 어떻게 해야 할까?

경제와 가사, 육아에서 모든 일을 양분하는 것이 평등하게 보이지만, 맞벌이를 하는 우리 부부에겐 일률적으로 양분하는 것은 불가능하다. 각자 회사의 위치에 따른 출퇴근시간이 다르고, 근무 환경이 달라 자연스레 육아와 가사가 한쪽으로 치우치는 현상이 발생하기 때문이다. 또한 청소와 요리와 같은 일에 개인의 취향과 능력이 다르니 이를 반영하지 못한 분배는 효율적이지도 않다.

남녀가 부부가 되고 가정을 이루어 행하는 여러 일의 분배는 각 가정의 특성과 상황을 담아 고유한 모습으로 나타나고 수시로 재조정되기 마련이다.

어떤 가정에서는 경제를 엄마가 담당하고 육아를 아빠가 맡을 수도 있고, 또 다른 가정에서는 경제는 공동으로 분담하되 가사와 육아는 평일과 주말로 구분하거나, 가사와 육아의 하위 항목을 그룹화하여 분담할 수도 있겠다.

먹이고 입히고 씻기는 돌봄은 엄마가 하고, 놀이하고 견학하고 학습하는 것은 아빠가 하는 식으로 말이다. 때론 타인의 도움을 받아서 해결해야 할 수도 있고, 요즘 같은 경제난에는 부부 모두 일자리에 더 많은 역량을 집중해야 할 수도 있겠다.

그러고 보니 이렇게 다양한 환경 속에서 부부가 양성평등을 실현한다는 것은 '결과'가 아니라 '과정'일지도 모른다. 누가 어떤 일을 얼마나 하느냐가 아니라 아내와 남편이 평등하게 생각을 나누고 협의하며 공감을 바탕으로 함께 결정해나가는 것, 그래서 서로에게 든든한 버팀목이 되어주는 것 말이다.

니콜라스와 심하게 다툰 후에 불 꺼진 주방에 주저앉아 "난 믿고 기댈 남자가 필요하다고!" 하며 홀로 울먹이는 바바라를 기억한다. 남편으로서 아내에게 언제 어디서나 건강한 어깨를 내어주는 것도 평등을 찾아가는 노하우일 테다.

다소 민망한데, 가사와 육아에 참여하는 것이 지금껏 살아온 생활 패턴에서 벗어나, 나를 더 불편하고 힘겹게 만든다고 생각한 적이 있다. 아내가 아니라 다른 남성을 비교대상으로 삼았던 시절, 이 정도의 육아 참여면 충분하다며 나 홀로 만족했다.

그런데 어느 날 현관문을 열고 들어서서 피곤에 지쳐 잠든 아내와 엄마의 팔을 동아줄 마냥 꼭 부여잡은 아이를 보고서, 다음날 함께 식사를 하며 그들이 주고받는 단어에서 이야기를 따라갈 수 없는 경험을 하고서, 내가 이방인이고 외딴섬이라는 것을 알았다.

지금도 여전히 섬이지만 육지와 오가는 돛단배가 쾌속선으로 바뀌었고, 정기 편 외에도 수시로 자유롭게 오갈 수 있어 어색하지 않다. 29kg과 14kg의 녀석들이 한번에 달려들어 온몸의 근육이 움찔 놀라기도 하지만, 아빠 품에 들어가려 서로 다투는 모습엔 뿌듯한 미소가

육아살롱 in 영화, 부모 3.0

절로 생긴다.

　남자가 가사와 육아의 세계로 풍덩하고 뛰어드는 순간, '저만치서 바라보던 나의 가족'이 '함께 웃고 같이 우는 끈끈한 가족'으로 변하는 신비로운 경험을 하리라 믿는다.

우리는 어떤 선택지를
가슴에 품고 살아갈까?

 〈내일을 위한 시간〉
2014, 감독 장 피에르 다르덴, 뤽 다르덴

'연애', '결혼', '출산' 이렇게 세 가지를 포기한 세대를 일컬어 '3포 세대'
라고 했다. 그후 '내 집 마련'과 '인간관계'를 추가로 포기한 '5포 세대',
'꿈'과 '희망'마저 포기한 '7포 세대'가 등장했고, 지금은 포기할 게 너
무 많아 'N포 세대'라는 용어가 널리 사용된다.

무언가를 포기하고 사는 것이 너무도 흔한 일상이 돼 버렸다. 그렇다
고 연인을 만나 결혼을 하고 아이가 생겼다고 해서, 포기하지 않아도
되는 생활이 가능한가 하면 또 삶은 그리 단순하지만은 않다.

주말에 신나게 놀고 일요일 밤까지도 건강하던 아이가, 월요일 아침
에 갑자기 체온이 올라 39℃를 훌쩍 넘을 때가 있다. 주로 감기지만 몸

살이나 독감을 지나 며칠간 요양이 필요한 질병일 때도 있다. 이런 일들은 누구도 예상하지 못한 순간에 찾아온다. 주위에 부탁할 친척도 마땅치 않아 아내와 나, 둘 중 한 명은 아이를 간호하기 위해 출근을 포기해야 한다. 이른 시각에 직장이나 돌봄 센터에 늦은 부탁을 하고 사정하는 것이 반복되니, 서로가 불편하다.

결국 아이를 직접 돌보겠다는 마음으로 육아휴직을 선택하지만, 이제는 가정 경제의 한 축이 주저앉는 상황을 받아들여야 하는 처지에 놓인다. 가끔 1년간의 휴직 후, 다시 직장으로 복귀할 권리를 포기한 이야기를 전해 들으면 등골이 오싹하다.

하나를 선택하면 다른 하나를 포기하게 되는 것이 인생인지도 모르겠다. 그래도 과거엔 '선택'이라는 단어와 함께 '도전'이라는 말을 떠올렸다. 하지만 요즘은 '포기'라는 단어와 짝을 이룬 것 같아 여간 불안한 것이 아니다. 가진 게 뭐냐고 물으면 딱히 대답할 것도 없는데 말이다.

다행인지 불행인지 이런 고민이 우리 사회의 현실만은 아닌 모양이다. 장 피에르 다르덴과 뤽 다르덴이라는 형제 감독은 벨기에를 배경으로 〈내일을 위한 시간Two Days One Night〉이라는 영화를 만들었다. 한 남자의 아내이자, 두 아이의 엄마인 주인공 산드라마리옹 코티아르는 우울증으로 휴직 중이다. 복직을 앞둔 어느 금요일 오후, 전화가 울린다. 직장 동료 줄리엣이다. 사장이 반장을 통해 산드라의 복직과 1,000유로의 보너스 중 어느 것을 선택할지 직원들에게 물었다고 했다. 결과는

1,000유로의 보너스!

그런데 반장이 일부 직원에게 산드라 복직의 부정적인 면을 말하며 선택을 강요했기에 월요일에 재투표를 하기로 했다는 소식을 전해 들었다. 이제 산드라에게 주어진 선택은 직장 동료를 일일이 찾아가 자신의 복직을 지지해달라고 '설명하고, 부탁하고, 호소하는' 것이다.

이 영화는 산드라가 16명의 동료를 찾아가 말하고 듣고, 오해받고 이해하고, 사과받고 좌절하는 주말을 차분히 담아낸다. 운명의 월요일 아침, 재투표를 하고 그 결과를 공개하면서 끝난다.

시원한 액션이나 실감나는 컴퓨터 그래픽, '그렇게 오래오래 행복하게 살았습니다' 하는 대리 만족을 주는 해피엔딩은 없다. 때로 건조하고 주로 불편하다. 가끔 외면하고 싶은 장면도 있다. 그럼에도 생계를 위해 일을 하는 우리의 현실이기에 눈을 뗄 수가 없었다.

산드라 vs 1,000유로, 당신은 어떤 선택을 할 것인가? 휴직 중인 동료의 복직과 1,000유로의 보너스 중 하나를 선택할 기회가 주어진다면 어떤 결정을 할까?

더군다나 업무는 이미 대체인력인 계약직이 잘 수행하고 있고, 회사 사정은 당분간 나아질 기미가 없다. 그가 복직을 하면 누군가는 퇴직

육아살롱 in 영화, 부모 3.0

해야 한다는 소문도 흘러 다닌다. 이쯤이면 결론은 자명한 것이 아닐까?

산드라는 자신을 지지한 2명의 도움을 받아 남편과 함께 1,000유로를 선택한 다른 14명의 동료를 찾아 나선다. 무거운 걸음으로 한 명씩 만나보니 실직한 아내와 곧 대학생이 되는 자녀로 인해 갑작스레 돈이 필요하게 된 이도 있고, 주말엔 다른 아르바이트를 병행하며 가족의 생계를 책임지는 이도 있으며, 이혼하고 새 출발을 위해 가구를 구입해야 하는 이도 있고, 1,000유로를 1년 치 전기료와 가스비라며 보너스의 가치를 알려주는 이도 있다. 재계약을 위해 반장에게 잘 보여야 한다는 이도 있고, 자신이 집에 없다고 답하라는 목소리를 인터폰으로 흘려보내 산드라의 자존감을 꾹꾹 눌러주는 이도 있다.

반면 찾아온 산드라를 보고 눈물 흘리며 미안하다고 1,000유로를 선택한 것에 사과하며, 이전에 산드라가 자신을 도와준 기억을 꺼내는 동료도 있다. 동료를 찾아가는 산드라에게는 자신의 복직이라는 이유가 있고, 1,000유로를 선택한 동료 또한 저마다의 사정이 있다. 동료들을 만나고 그 이유 하나하나를 알아갈수록 산드라는 더욱 힘들어진다. 일자리를 구걸한다는 좌절감에서 마음을 바꾸어 자신을 지지하겠다는 이에게는 동정이라는 느낌까지 받는다. 급기야 우울증 치료약을 통째로 먹었다가 병원에 실려 가기에 이른다.

지금도 우리 사회의 경제 상황이 어렵지만, 수년 전 유난히 조선과 중공업 분야에서 대규모 구조조정을 시행한 적이 있었다. 많은 인원의 감축은 물론이고, 그 대상에 신규직원까지 포함시켜 논란이 되기도 했다. 그때 창원의 대기업에서 일하는 한 차장을 만났다. 그는 이번 인력 감축에서 살아남은 것을 다행이라 여기면서도 단지 1년간의 유예인지 씁쓸하게 자문하기도 했다.

그리고 네 살 딸아이를 둔 30대 대리가 구조조정에 포함되어 퇴직한 이야기를 들려줬다. 어려워진 회사 사정에 갑자기 인력감축이 추진되었고, 최근 2~3년간 인사평가가 기준으로 활용되었던 모양이다. 업무 능력보다는 승진 시기, 연공서열의 문화에 따라 자연스레 이루어진 평가는 승진 시기가 남들보다 길게 남았던 그에게 유리하지 못했던 모양이다. 팀 내 업무 평판이 좋았던 그가 퇴직의 대상이 될 줄은 누구도 예상하지 못했다고 한다.

혹시나 하는 마음으로 남자의 육아휴직에 대해 물었다. 노조의 보호를 받는 생산직에서 딱 1명 있다고 했다. 여성의 경우도 1년을 채우는 경우가 거의 없는 실정이니, 남성에게 육아휴직은 곧 퇴사를 의미할지도 모른다고 했다. 급여가 조금 줄어도 가족과 함께할 시간이 늘었으면 하고 바라지만, 근무시간을 조절할 선택지는 없다고 했다. 오로지 All or Nothing뿐이라고.

내가 처음 육아휴직을 신청했을 때, 부서장과 인사담당자는 물론이고 주위 동료들에게도 휴직의 필요와 당위에 대해 불쌍한 눈을 하며 구구절절 설명해야 했다. "아내는 뭐하냐? 1년 후에도 똑같은 문제가 있을 텐데 미리 다른 방법을 찾아봐라. 다른 일을 할 생각이 있는 거냐?" 등등 질문의 옷을 입은 화살이 여기저기서 날아왔다.

나의 업무는 당분간(?) 남은 동료들이 나누어야 하는 상황이니, 이런 이야기를 들어도 서운함보다는 미안함이 더했다. 다행히 휴직도 하고 1년 후 복직도 했다. 그런데 나중에 보니 부서장이 남자 육아휴직자라서 팀원으로 안 받으려고 했다는 말을 전해 들었다. 뭐 이해 못할 말도 상황도 아니지만, 마음이 참 그랬다. 규정을 따라 사용한 것을 혼자만 누린 혜택으로 보고 다른 희생을 강요하는 보이지 않는 시스템이 작용한다고 느낄 때면, '과연 나는 어떤 선택지를 갖고 살고 있을까?' 하는 막다른 골목의 높은 벽과 맞서게 된다.

✳✳✳

월요일 아침 투표가 끝나고 산드라는 동료들과 포옹한다. 많은 이의 공감과 지지를 얻었지만, 결과는 8대 8이다. 과반을 넘기지 못해 산드라는 복직하지 못하게 되었다. 갑자기 사장은 짐을 챙기는 산드라와의 미팅을 요청한다. 복직과 보너스로 첨예하게 대립된 회사 분위기를 말하고는 통합을 위해 1,000유로의 보너스와 산드라의 복직을 모두 실행하기로 했단다.

다만 계약직으로 근무하는 동료의 계약이 만료되는 시점에 복직을 하는 조건이다. 즉 계약직 동료의 재계약이 불가하다는 뜻이다. 이제 산드라가 '나의 일자리'와 '너의 일자리' 중 선택해야 하는 상황을 맞이했다. 그녀는 어떤 결정을 했을까?

영화를 보며 기분이 좋았던 유일한 순간이 있었는데, 바로 이 장면이다. 산드라가 사장의 제안을 거절하며, 계약직과의 재계약 거부 또한 단순히 재계약을 하지 않는 것이 아니라 또 다른 '해고'라고 말한다. 산드라는 대출금을 갚지 못하고 두 아이와 함께 임대 아파트로 이사해야 할지도 모른다. 하지만 결과를 기다리는 남편에게 전화한 그녀의 목소리는 오랜만에 밝았다.

"우리 잘 싸웠지? 나도 행복해."

집으로 돌아가는 그녀의 뒷모습에 우울증의 그림자는 더 이상 찾아볼 수 없었다.

산드라와 동료들의 모습이 차분히 내 머릿속에 가라앉을 때쯤, 한 인물이 조용히 마음속에서 일어났다. 다름 아닌 남편 마누파브리지오 롱기온다. 그는 산드라가 처음 투표 소식을 알려준 동료 줄리엣의 전화를 힘없이 끊었을 때 다시 연결해준 사람이고, 아이들을 챙기며 아내가 동료들을 만날 수 있도록 차로 이동하며 함께 기다리는 사람이며, 중간중간 힘들어 지칠 때마다 옆에서 응원하며 지지하는 사람이다. 화가 많고 자주 삐치는 나에겐 너무도 침착하고 이성적인 남편이다.

한 동료로부터 아팠으니까 예전만 못할 거라는 반장의 말을 전해 듣고는 숨막혀 하는 산드라에게, 남편 마누는 "누구라도 무너져. 나도 그럴 거고. 복직해서 동료들과 몇 주만 보내면 다시 전처럼 일할 수 있어. 더 나아질 거야." 하며 어깨에 손을 올려 위로한다. 그때 산드라는 몸서리치며 그의 손을 털어낸다.

아빠와 아들이 모두 직장 동료인 집을 찾아갔는데, 산드라의 복직과 보너스를 두고 부자가 물리적인 충돌까지 벌이는 상황을 목격하고는 충격을 받은 산드라가 "너무 외로워. 여보."라고 말하자, 남편 마누는 "해낼 거야."라고 위로한다. 남은 시간과 동료의 수를 헤아리며 좀 더 힘을 내길 바라는 남편에게 지친 산드라가 "당신이 가는 거 아니잖아." 하고 감정을 쏟아낼 때도 "원한다면 같이 갈게." 하며 차분히 대응한다.

몇 번이고 포기하고 싶은 아내와 그녀를 일으켜 세워야 하는 남편, 남편 마누의 모습이 놀랍다가도 사실 그도 그렇게까지 하고 싶진 않았겠지 하는 생각에 이른다. 아빠로서, 남편으로서, 가장으로서 이런 상황을 만들고 싶지도 않았겠지.

오늘을 살아가는 우리의 가장들은 어떤 선택지를 가슴에 품은 채 살고 있을까?

40대 아빠, 김씨 아저씨 편

▷ **아버지의 자격?**

〈아이 엠 샘〉 2002, 감독 제시 넬슨

▷ **돈보다 소중한 것들**

〈제리 맥과이어〉 1997, 감독 카메론 크로우

▷ **엘리트 아빠 vs 함께하는 아빠**

〈그렇게 아버지가 된다〉 2013, 감독 고레에다 히로카즈

▷ **일가정양립을 비틀어 보다**

〈우아한 세계〉 2007, 감독 한재림

▷ **실천하는 사랑은 힘이 세다**

〈빌리 엘리어트〉 2001, 감독 스티븐 달드리

아버지의 자격?

 〈아이 엠 샘〉 2002, 감독 제시 넬슨

숀 팬, 이 사람 정말로 정신지체 아닐까 싶었다. 그리고 타코타 패닝, 그 아이의 눈빛 속에는 도저히 철부지 소녀의 것일 수 없는 삶의 희노애락이 녹아 있었다.

정신지체인 아버지의 손을 잡아주면서 "아빠 괜찮아, 미안해하지 마세요. 난 행운아예요. 다른 아빠들은 아무도 공원에 함께 와주질 않아."라고 말할 때, 특히 감동적이다.

7세의 정신연령을 가진 아버지 샘 도슨숀 팬과 아버지의 지능을 넘어서고 있는 딸 루시타코타 패닝의 아름다운 이야기, 〈아이 엠 샘I am Sam〉은 "아버지는 자녀보다 언제나 똑똑해야 할까?" 그리고 "아버지의 자격은 무엇일까?"라는 근본적인 질문을 던지는 영화다.

지적 능력이 떨어지는 샘은 노숙생활을 하던 레베카라는 여인을 통해 딸을 얻게 된다. 레베카는 출산 직후 종적을 감춰 버리고, 샘과 그의 딸 루시의 위태로운 동거가 시작된다. 비록 서툴기 짝이 없어도 샘의 진실된 부정父情에 힘입어 루시는 이쁘게 그리고 나름 행복하게 자라난다.

하지만 하루가 다르게 커가는 루시는 점점 아빠의 남다름을 느끼게 된다. 그리하여 영민하고 조숙한 루시는 아빠를 추월하는 자기 모습에 왠지 모를 슬픔과 부담을 가지게 된다. 그 결과 일부러 학교 수업을 게을리하면서 자신의 지적 성장에 스스로 제동을 걸고 만다. 이런 가운데 이들 부녀는 제3자의 입방아에 올라 복지기관의 레이더에 걸린다. 그리고 급기야는 법원에 의해 격리조치에 이르게 된다. 그리곤 아버지의 자격에 대한 법정 공방이 이어진다.

부모는 아이보다 똑똑해야 하는가? 그리고 아버지는 언제까지 얼마나 아이보다 앞서 있어야 하는 걸까?

자식은 부모의 도움 없이는 단 며칠도 생존할 수 없는, 전적으로 부모의 사랑에 의존해야 하는, 의심할 나위 없이 열등한 존재로 출발한다. 너무도 당연한 것으로 받아들여지고 있는 이 전제에는 유효기간이 존재한다는 사실을 우리들은 쉽게 망각하고 있다.

어린 시절을 되돌아보자. 부모를 보면서 '나라면 저런 식으로 하지는 않을 텐데'라고 생각한 때는 언제부터였던가?

나부터 고백하자면 초등학교에 입학하기 전부터 아버지에 대한 부정적 평가 어머니에 대해서는 시기와 강도가 상당히 달랐다가 내 머릿속을 채우기 시작했던 것 같다.

성격이 불같았던 아버지는 어느 날, 이웃 남자와 시비가 붙어 싸우는 와중에 아들인 내가 아버지 편을 들지 않는다고 격분하셨다. 그때의 난감함은 지금도 생생하다. 당시 어린 내 생각으로는 내가 아버지의 편을 들 상황은 아니었다.

물론 아버지는 그때 일로 나를 더 이상 나무라신 적은 없었다. 한 사람의 아버지로서 지금 생각해보면 시시비비를 떠나 자신을 편들지 않는 자식에게 느꼈을 서운함과 괘씸함은 충분히 짐작할 수 있다. 그럼에도 불구하고 나는 일찍부터 아버지의 인간관계에 대해 부정적으로 판단하고 있었다. 머리 좋기로 유명했던 나의 아버지에 대해서 말이다.

문득 궁금해진다. 내 딸은 언제부터 마음속으로 나를 비판하기 시작했을까?

아직 물어본 적은 없다. 하지만 대화 중에 읽혀지는 행간을 보건데, 적어도 나를 우상으로 여기는 것 같진 않다. 왠지 딸의 평가는 내 예상보다 훨씬 처참할 거라고 생각해야 할 것 같다.

사실 요즘처럼 어지러울 정도로 급변하는 세상에서는 아버지가 모든 방면에서 아이들보다 앞선다고 보는 건 위험천만이다. "지능이 모자라는 아버지가 딸보다 열등하게 되고 그것이 악영향을 미칠 것이다."라는 주장에 대한 샘의 항변은 그래서 경청할 만하다.

"루시는 (어리지만) 저보다 잘할 수 있는 게 있습니다. 저도 루시보다 잘할 수 있는 게 있습니다. 저는 검사님보다도 잘할 수 있는 게 있습니다. 저는 재판장님보다도 잘할 수 있는 게 있습니다!"

덜 떨어진 아버지 샘의 이 말에 나는 고개를 끄덕일 수밖에 없다. 그렇다면 우리 모두는 정도의 차이가 있을 뿐, 분야와 깊이에 있어 샘 도슨과 마찬가지의 한계를 가지고 있는 게 아닐까?

이렇게 영화는 자못 진지한 표정으로 아버지 그리고 부모의 자격에 대해 묻고 있다. 루시는 엄마 없이 오로지 아버지 샘의 손에 의해서 자라났기 때문에, 샘에게 아버지만의 자격을 적용시키기엔 조금 어색하다. 양친이 모두 있을 때에는 아버지와 어머니의 고유한 특질이 드러나기 쉽다. 하지만 아버지 또는 어머니 혼자 아이를 키우는 경우에는 모성과 부성이 혼재될 수밖에 없기 때문이다.

특히 아버지의 근엄함이나 은연중에 드러나는 아버지의 거친 남성성性이 정신지체자 특유의 순수성에 의해 거세된 채, 딸에게 홀로 쏟아 붓는 샘의 사랑은 그 빛깔이 모성애의 것과 적잖이 겹친다.

육아살롱 in 영화, 부모 3.0

전통적으로 아버지에게 요구됐던 제1의 자격은 가족을 먹여 살리는 것이었다. 오늘날 여성의 사회적 경제적 지위가 올라가면서 이 자격 조건이 예전보다 많이 가벼워지긴 했지만, 여전히 가장 중요한 자격이다.

동시에 최근에는 아버지의 자격으로써 사랑 및 정서적 지원자녀와의 대화를 통해 생각과 마음을 이해하고 의견을 존중해주는 상담자, 자녀에게 사랑을 표현하고 격려하며 친구와 같이 편안하고 다정다감한 정서지원자이 강조되고 있다. '엄한 아버지와 자상한 어머니 밑에서 성장'이라는 말로 시작되곤 했던 자기소개서의 '엄친자모嚴親慈母'라는 말은 사라지고, '딸바보', '아빠미소' 같은 표현이 아버지의 대중적 이미지로 자리잡고 있다. 남자 연예인들이 아빠 마케팅에 나선 지도 꽤 되었다.

그래서일까? 너도나도 '친구 같은 아버지'가 되겠다고 한다. 하지만 친구 같은 아버지가 되는 것보다 더 중요한 건, '자녀의 삶 속에 함께 존재하는 것'이다. '함께 존재한다는 것'은 에리히 프롬의 저서《소유나 존재냐》에서 말하는 존재적 실존양식을 의미한다. 소유적 실존양식의 대표적 예가 바로 '물질로써 아버지 노릇을 가름하는 것'이다.

반면 존재적 실존양식을 보여주는 아버지, 즉 '함께하는' 아버지란 아이들의 삶 속에, 아버지가 함께 부대끼고 느끼면서 경험을 나누고 있는 존재다. 2013년에 설립된 비영리 사단법인 〈함께하는아버지들〉이라는 단체의 이름도 이러한 생각이 반영된 것이다.

샘은 비록 부자 아빠는 아니었지만 언제나 딸 루시와 함께하는 아버지였다. 영화 속에서는 미셸 파이퍼가 분한 유능한 변호사 리타가 샘을 변호하고 있지만, 영화 밖에서는 〈함께하는아버지들〉이 샘을 옹호하고자 한다.

〈함께하는아버지들〉은 말한다.

"아버지는 아이보다 언제나 똑똑할 수도 없고 똑똑해서도 안 된다. 따라서 아이보다 앞서 있는 것보다 중요한 아버지의 책무는 아이와 함께하는 것이다."

그래서 루시의 삶 속에 충분히 담궈진 아버지, 샘은 '함께하는 아버지'였다고 변호하고 싶다.

돈보다
소중한 것들

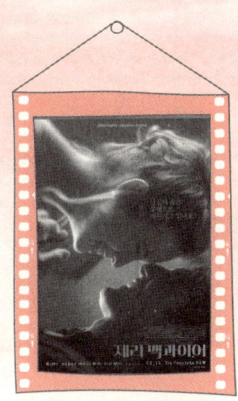

 〈제리 맥과이어〉 1997, 감독 카메론 크로우

"Show me the money."와 "You Complete me."라는 대사로 압축될
수 있는 영화, 카메론 크로우 감독이 1996년에 세상에 내놓은 〈제리 맥
과이어 Jerry Maguire〉는 미국의 스포츠 에이전시 세계를 통해 우리네 삶
속에 펼쳐지는 돈과 사람의 함수에 대해 이야기하고 있다. "Show me
the money."가 물질을 웅변한다면 "You Complete me."는 사랑을 노
래하고 있다.

스포츠 에이전트! 프로 스포츠 선수들의 천문학적인 몸값을 관리하
면서 혹은 꿈꾸면서, 철저하게 자본의 논리를 따르는 직업이다. 이 영
화를 처음 볼 때만 해도 다소 생소해 보이는 직업이었고, 여전히 우리

나라의 프로 세계와는 온도 차가 존재해 보이긴 한다.

영화의 무대는 다소 낯설었지만 주인공은 매우 친숙하다. 한동안 내 아내의 가슴을 설레이게 해서 나의 질투를 한몸에 받았던 톰 크루즈가 주연을 맡았고, 당시만 해도 무명이었던 르네 젤위거가 여주인공인 미혼모 도로시 역을 맡았다.

주인공 제리 맥과이어는 거대 스포츠 에이전시에서 잘나가는 에이전트였는데, 어느날 문득 자본주의의 말초신경 노릇에 회의를 느낀 나머지 '생각만 하고 말하지 못하는 것'The things we think and do not say이라는 제목의 제안서를 작성한다. 그 바람에 하루아침에 해고되고 업계의 최고봉에서 나락으로 떨어지고 만다.

제리에게 남은 마지막 희망은 NFL의 별 볼 일 없는, 좌충우돌 끝물 풋볼 선수인 로드 티드웰 그리고 자신을 믿고 동반 사직한 도로시뿐이다. 로드는 제리에게 끊임없이 "Show me the money."를 외치게 하면서도, 자신이 스스로 지어낸 말 '콴'한자 '관'(款)에서 왔음을 떠들어 댄다. 로드에 의하면 '사랑, 존경심, 공동체 그리고 돈 등을 포함하는 인생에서 소중한 모든 것'을 일컫는 말이다.

이 영화는 "사람은 무엇으로 사는가?"라는 질문을 던지고, 제리 맥과이어가 '콴'의 의미를 깨닫는 과정으로 답을 대신하고 있다. 물질을 위해 사람과 사랑을 희생해야 하는 자본주의를 살아가는 우리에게 돈보다 더 중요한 게 있다는 걸, 〈제리 맥과이어〉처럼 설득력 있게 이야기하는 영화는 많지 않은 것 같다. 그렇다면 돈보다 중요한 건 뭘까? 그건 아마도 사랑이 아닐까?

경상도 머시마였던 나에게 사랑의 의미를 깨우쳐 준 사람은 아마도 내 딸일 것 같다. 그 딸이 작년 연말 노랑머리를 하고 다녔다. 노랑머리로 염색한 딸이 전철을 타러 에스컬레이터를 타고 내려가는 걸 보고는 나는 집으로 가는 대신 인근 대형마트로 향했다. 지난주 놓쳤던 딸의 생일선물을 둘러보기 위해서다.

어느새 전자제품, 자동차용품, 등산용품 가게에 머무르고 있는 내 자신에게 '뭐하고 있느냐?'고 채근하고는 의류, 액세서리 코너로 발걸음을 옮긴다. 그러다 발길이 머문 곳은 시끌벅적한 장난감 코너 그리고 사각의 박스 속에서 손짓하고 있는 인형들이 줄서 있는 매장이었다.

언제나처럼 그곳에는 아이들이 뛰어다니고 있었다. 아빠의 손을 뿌리치고는 로봇 박스를 고집스레 집어 드는 꼬마도 얼핏 보였다. 이런 풍경 속에 나와 딸이 선물을 고르던 때가 문득 그리워졌다. 그러고 보면 얼마 전에는 자고 있는 딸의 얼굴을 뜯어보면서, 맹랑한 들창코를 빨름거리며 똘망똘망하던 유치원 입학사진 속의 얼굴을 찾아보기도 했었다. 딸의 과속(?) 성장에 불만이 있는 것일까?

돌이켜보면 아이가 커오는 동안 늘 곁에서 지켜보면서 함께 해오진 못했다. 그러다가 이젠 대학생이랍시고 밤늦도록 싸돌아다니는 녀석의 현재 세계를 잘 알지 못하다 보니, 내 마음속 보석상자에는 아직도 유치원 딸아이의 사진이 들어 있는 것인지도 모른다.

그러니 녀석에게 뭘 선물해주면 좋을지 얼른 생각나지 않는 게 아닐까?

동네 미용실에서 공개질문도 했었다.

"21살짜리 딸에게 생일선물로 뭘 해주면 좋겠느냐?"

그러자 내 머리를 커트하던 분이 자기 피부를 살펴보라며 갑자기 얼굴을 들이대는 것이 아닌가! 자기 얼굴이 좀 자연스럽게 윤기가 나지 않느냐면서 '펄 크림'이라는 화장품을 추천했다. 그건 좀 아닌 것 같았지만 그렇게 얼굴을 내던져가면서까지 설명해주는 성의는 대단히 고마웠다. 익히 예상했던 "뭐니 뭐니 해도 현금이 최고!"라는 답변도 빠지지 않고 나왔다. 미용실 사장이었다.

사실 내가 고른 목걸이나 반지, 아니 그 무엇일지라도 상대방이 그걸 좋아하리라고 장담키 어렵다. 그러니 선물로 상대방이 느낄 효용감을 최대화시키려면 물품을 사지 말고, 그 선물을 살 돈을 현금으로 주는 것이 경제 논리에 가장 잘 들어맞는다.

실제로 미국의 펜실베니아 대학의 조엘 왈드포겔이라는 경제학자는 〈크리스마스 선물의 자중손실에 대한 연구The Deadweight Loss of

Christmas〉라는 논문에서 크리스마스에 선물을 주고받음으로써 생기는 만족도는 그만큼의 현금으로 느꼈을 만족도보다 20% 포인트에 달하는 경제적 손실이 발생한다고 주장했다. 이 논문을 읽어보지 않았을 테지만 갈수록 많은 사람들이 '선물' 대신 현금을 '선물'한다.

하지만 "현금은 안 된다."가 내 답이다. 지난 주말, 생일선물로 옷을 사주겠다는 아내의 말에 케익 촛불을 끄던 딸이 "생필품 같은 옷이 무슨 선물이 되느냐."고 거절했기 때문만은 아니다. 내 딸이 세상에 나온 것을 기뻐하면서 딸의 인생을 축복해주고 싶은 아버지의 마음을 과연 돈으로 대신할 수 있을까?

선물이란 받는 사람만의 것이 아니라 주는 사람의 것이기도 하다. 또 주는 사람의 지불 능력을 보여주는 것이 아니라, 사랑을 표현하는 것이다. 선물을 통해 주는 사람과 받는 사람은 서로 교감하고 공통의 경험을 나누는 거다.

만약 국가에서 운영하는 자판기에서 일 년에 한 번씩 생일선물을 받는다면?

상상만 해도 기분이 칙칙해진다. 선물은 '물건'이나 '쓸모'가 아니라 '마음' 또는 '존재'이기 때문이다. 언젠가 봤던 코레일의 광고 "당신을 보내세요!"가 감동적이었던 것도 비슷한 이유일 터다.

그래서 내 딸에게 정말 선물하고 싶은 건, 사랑의 참된 의미를 깨닫게 하는 것이다. 오늘날 수많은 드라마와 영화에서 사랑은 배울 필요가 없는 어떤 감정 같은 거라고 되뇌고 있는데, 에리히 프롬의 반론을 경청해야 한다. 에리히 프롬은 사랑은 배우고 익혀야 하는 역량이라고 하면서, 사람들이 사랑을 배울 필요 없이 충동적으로 생기는 감정이라고 생각하는 건 3가지 착각에서 비롯된다고 말한다.

첫째, 사랑은 받는 것이라는 착각이다. 내가 매일 아침 거울 앞에서 옷매무새를 만지는 것도 주기보다 받고 싶다는 생각에서 비롯된 것이 아닐지 반성해본다. 또 나는 내색은 하지 않지만 내 딸이 사랑스러워지려고 애쓰는 것도 조금은 안쓰럽다. 화장을 하고 어여쁜 표정과 각도를 찾아 사진을 찍는 모습을 볼 때면, 가슴 한편에서 등불이 흔들리곤 한다. 사랑은 주는 것인데 말이다.

둘째, 적절한 상대방만 만나면 사랑을 할 수 있다는 착각이다. 즉 사랑을 능력이 아니라 대상의 문제로만 보는 것이다. 하지만 상대도 나도 늘 변화하는 존재인데, 언제 어디서 만난 상대방이 운명적 사랑의 대상이라고 봐야 할까?

고등학생일 때 처음 본 내 아내를 지금도 사랑하고 있는 건 나의 사랑하는 능력에서 나오는 것이지, 해운대 백사장에 그 여고생을 만났기 때문은 아니다.

셋째, 사랑은 불꽃이 튀는 뜨거운 어떤 것이라는 착각이다. 하지만 사랑은 잠깐의 불장난이 아니라 지속되는 온유함이다.

나는 내 딸이 '아빠가 어떤 마음으로, 어떻게, 그 물건을 만들거나 골랐는지'를 자신의 21살 생일에 기억하기를 바란다. 또 쉽지는 않겠지만 사랑에 관한 이 아빠의 성찰이, 언제고 내 딸에게 전해지기를 바란다. 나는 내 딸이 물질보다 사랑에 관해 더 깊어지기를 바라는 아버지라는 이름을 가진 존재다. 그래서 말한다.

"You Complete me."

엘리트 아빠 vs
함께하는 아빠

 〈그렇게 아버지가 된다〉 2013, 감독 고레에다 히로카즈

일본의 고레에다 히로카즈 감독이 만든 영화 〈그렇게 아버지가 된다 Like Father, Like Son〉는 이 책을 구상하게 되었을 때, 맨 처음 떠오른 영화였다. 제목에서도 드러나듯이 이 책의 취지와 이처럼 잘 어울리는 영화는 찾기 어려울 것이다. 히로카즈 감독은 일에 빠져 집에서는 잠만 자고 나가던 자신에게 "또 놀러오세요."라는 어린 딸의 인사를 듣고 충격을 받아, 이 영화를 기획하게 되었다고 한다.

6년 동안 키워 온 아들이 실은 병원에서 뒤바뀌었다고 하는 충격적인 사실에도 불구하고, 이 영화의 주인공들은 생각만큼 흥분하지 않는다는 점이 이채롭다. 미국의 문화인류학자 루스 베네딕트가 일본의

문화를 해부한 책《국화와 칼》에서 소개했듯이, 일본인 특유의 혼네개
인의 본심와 다테마에사회적 규범에 의거한 의견의 분별 탓일까?

우리 같았으면 병원을 몇 번씩 뒤엎었을 법한 사건임에도 이 영화는
비교적 담담하게 전개된다. 하지만 감동과 여운은 정반대다. 쉽사리
끓었다가 금방 식어 버리고 마는 우리네 양은냄비와 같은 격정과 달
리, 이 영화가 던져주는 의미와 감동은 돌솥처럼 두고두고 우러나온다.
2013년 칸영화제에서 심사위원회상을 수상한 작품이다.

주인공 료타는 사회적 성취, 경제적 여유, 아름다운 아내와 말 잘듣
는 아들 등 행복한 가정의 조건을 두루 갖춘 성공한 남자다. 심지어 일
본의 대표적인 미남 배우 후쿠야마 마사하루가 료타역을 맡고 있으니
얼굴마저 엄청나게 잘 생겼다. 다만 료타는 아들 케이타가 자신과 달
리 승부욕이 약하고 유약하다는 불만을 갖고 있는 정도다.

그러던 어느 날, 시골 병원에서 걸려온 청천벽력 같은 전화로 료타의
세상은 뒤집어진다. 6년간 키워왔던 금쪽같은 아들이 실은 병원에서
뒤바뀌었다는 것이다. 뒤바뀐 친아들은 료타와 사뭇 다른 유형의 아버
지, 유다이 밑에서 류세이라는 이름으로 살고 있었다. 유다이는 알바
를 뛰곤 하는 아내와 함께 집과 가게가 붙어있는 전파상으로 생계를
꾸리면서 3명의 아이를 키우고 있다.

고급 아파트와 비싼 사립 유치원을 오가면서 외동으로 지내는 케이
타와 동생들과 먹을 것을 두고 경쟁하면서 자유롭게 뛰어노는 류세이,

이들을 향한 두 아버지의 기른 정과 낳은 정이 교차하게 된다.

자타가 공인하는 엘리트인 료타는 집에서는 잠만 자는 바쁜 아빠, 규칙을 정해주고 규칙을 어기면 그럴 줄 알았다는 듯이 훈계하는 아빠, 목욕은 혼자 하는 것이라고 가르치는 아빠다. 그래서 아들 케이타에게 아버지 료타는 가까이 가기가 쉽지 않은, 칭찬을 받기 어려운, 그런 아빠였던 것이다. 하지만 료타는 물질적인 지원은 완벽하게 해줄 수 있는 능력 있는 아빠이기도 하다.

반면 허술하면서 조금은 무능해 보이는 유다이는 달랐다. 욕조 안에서 같이 목욕하면서 장난치고 노는 아빠, 늘 곁에 있으면서 장난감도 곧잘 고쳐주는 아빠다. 그래서 아들 류세이에게 아버지 유다이는 친구 같은, 늘 함께하는, 그런 아빠였다. 하지만 경제적으로는 늘 쪼달리는 가장이기도 하다.

우리와 엇비슷한 유교적 전통과 남존여비의 문화가 뿌리 깊은 일본을 무대로 펼쳐지는 이 영화를 보면서 일본의 대표적인 아버지 단체〈파더링 저팬Fathering Japan〉이 생각났다. 나는 이 단체의 안도 테츠야 대표를 동경에서 만난 적이 있는데, 흥미롭게도 〈파더링 저팬〉은 '좋은 아버지'를 추구하지 않는다고 천명하고 있다. 대신 그들은 '웃는 아버

육아살롱 in 영화, 부모 3.0

지'를 외치고 있다.

흠, '좋은' 아버지와 '웃는' 아버지는 어떻게 다를까? 심판이 누구인지를 보면 된다. '좋은' 아버지인지 아닌지 누가 판단할까? 아이들과 아내 심지어 옆집 아주머니가 판단한다. "옆집 아빠는 얼마나 좋은 아빠인데, 도대체 당신은 왜 그래요?"라고 하면서 말이다. 반면 '웃는' 아버지는 누가 결정할까? 바로 아버지 자신이 웃으면 게임셋이다.

여기엔 단순해 보이지만 아버지가 주인공이 되느냐 아니면 들러리가 되느냐의 본질적 차이가 존재한다. 웃는 아빠! 유다이는 그런 것 같고, 료타는 아닌 것 같다.

어느 더운 날, 유명 언론사에서 무척 잘 나가는 선배와 모처럼 점심을 하게 됐다. 뭐 먹을까 하다가 날씨도 무덥고 해서 몸보신 겸 삼계탕으로 정했다. 그런데 꽤나 맛집이었던 탓에 동여맨 영계의 뱃속에 찹쌀처럼 손님이 미어 터지고 있었다. 평소 퍽퍽한 닭을 싫어하던 나는 옻닭을, 그 선배는 그냥 닭을 시켰다. 나는 옻닭을 분해해 나가면서 직업(?)병이 도졌다.

"요새 애들하고는 잘 지내요?" 하고 물었더니, 아들하고는 그럭저럭 지내는데 중학생인 딸하고는 영 별로란다. 질풍노도의 중학생, 그것도 딸하고 비뚤어졌다면 상황이 심상찮다고 봐야 한다. 도대체 얼굴 볼 시간이 없다는 것이었다. 새벽에 나와서 자정 무렵에 들어가고, 주말에도 이런저런 상황을 체크하고, 그에 따른 지시를 해야 하니 도무지

짬이 안 난다고 했다.

아닌 게 아니라 우리네 가장들, 아버지들은 너무 바쁘다. 일이 너무 많고 회식에 접대에 출장까지. 그러다가 '우리네 아버지들이 과연 그렇게까지 바쁘긴 한 것일까?'라는 의문이 불쑥 고개를 든다.

벌써 10년쯤 된 일이다. 강원랜드에 하이원 골프장이 막 만들어졌을 무렵이다. 그때 운좋게 시범라운드Round에 초청받게 되어 고등학교 동창들고'· 강원랜드로 가게 되었다. 당시에 모두들 막 골프를 시작해서 아침에 일어나면 손가락이 얼얼하던 시절이었다많은 분들이 아시는 바와 같이 골프 입문 시기에, 한창 연습을 하다보면 오른손 손가락이 저릿저릿하여 아침에 눈을 뜨면 손가락에 힘을 주기가 어려웠다. 그러니 금쪽같은 그 라운드 기회가 얼마나 반가웠던지!

티오프시간이 정확히 기억나지는 않지만 암튼 4명이 한 차로 새벽 3시에 정선으로 출발했던 것 같다. 지대가 높아서 공이 일반 골프장보다 10미터는 더 날아간다는 강원랜드 골프장에 도착하고 보니, 장장 5시간을 넘게 운전했던 것이다. 그러나 우리는 전혀 힘든 줄 모르고 낄낄거리면서 갔었다. 고등학교 동창들이다보니 고향은 하나 같이 부산이었다.

돌아오는 길에 우리는 "시간 없다는 둥 바쁘다는 둥 해서 고향에 계신 부모님 못 찾아뵙는다는 건 다 핑계다."라는 데 입을 모았다. 서울 부산 간 운전시간이 바로 그날 강원랜드에 가는데 걸린 시간과 같았기 때문이다. 그것도 새벽 3시에 벌떡벌떡 일어나 오가는 내내 희희낙락했으니 말이다.

이 에피소드를 말해주었더니 영계를 해체 중이던 선배도 고개를 끄덕였다. 바빠서 아이들에게 소홀하다는 건, 사실 핑계라는 사실을 인정할 수밖에 없음에 동의한 것이다.

삼계탕 그릇이 바닥을 보일 때쯤, 일과 가정생활에 시간과 에너지를 어떻게 분배하고 있냐고 물었더니, 그 선배는 "100% 일!"이라고 단호하게 말했다. 역시 국내 굴지의 언론사에서 그것도 선두주자로 달리고 있던 선배다운 답변이었다. 이러니 회사에서 잘 나갈 수밖에!

이윽고 후식으로 나온 과일을 먹으면서 "그래 가지고 나중에 아이들과 어떻게 지낼 작정이냐?"고 물었다. 그랬더니 "다 필요 없고, 나 혼자 살 거야!" 아니 자기가 무슨 독립운동가도 계백장군도 아닌데, 무슨 그런 삭막하고 살벌한 소리를 내뱉는단 말인가! "그럼 그리 혼자 살면 행복하겠수?"라고 했더니, "그래 갖고 행복할 놈이 어딨냐!"라고 한다.

나는 속으로 중얼거렸다.

"아니, 알긴 아네! 그럼 왜 그리 살아요?"

그날 우리의 화제는 여기까지였다. 아마도 이후 이어진 암묵적인 대화는 "일이 어디 그리 한가하냐?"와 "마음먹기 나름이다." "니 말이 맞다. 하지만 나는 그렇게까지 할 자신이 없고, 그냥 일에나 전념하겠다." "내 할 도리를 다하고 그 뒤에는 자식들이 알아주든 말든, 나 혼자 살겠다." 하는 불립문자不立文字로 채워졌던 것 같다.

"또 봐요."라며 돌아선 뒤, 잘 생긴 그 선배의 눈가에 설핏 어렸던 그림자가 료타의 그것과 오버랩된다. 더 많은 아빠들이 '저녁이 있는 삶'을 누리기를 바라면서 단체 이름도 〈함께하는아버지들〉이라고 지었던 나는, 아버지 료타보다는 유다이를 더 많이 응원하고 싶다.

하지만 이 영화는 아버지의 모범 답안을 요구하고 있지는 않다. 2013년 부산국제영화제를 찾은 히로카즈 감독도 모 일간지와의 인터뷰에서 "관객들에게 어떤 아버지가 되라고 강요하고 싶은 생각은 없다. 100명의 아버지가 있다면 그들은 각자 다른 100명의 아버지가 될 것이다. 아버지가 되는 것에는 정답이 없다."라고 말했다.

그럼에도 불구하고 유다이의 말은 경청해야 할 것 같다. "아이와 시간을 보내고 싶어도 회사 일은 자기가 아니면 안 되는 일이 있다."라고 하는 료타의 말에 유다이가 말한다. "아버지라는 일도 다른 사람이 할 수 없다!"고.

일가정양립을
비틀어 보다

 《우아한 세계》 2007, 감독 한재림

송강호! 띨빵하면서도 왠지 정이 가는 그의 표정은 떠올리기만 해도 입꼬리가 올라간다. 한재림 감독이 연출한 영화 《우아한 세계》에서 그는 아빠 노릇 하나만큼은 잘해보려고 애쓰는 생계형 깡패, 강인구로 열연한다. 아내와 사춘기 딸 앞에서 버벅거리는 아버지의 모습을 통해 아버지의 일상과 고뇌를 보여준다.

실제로 강인구가 집에 있는 동안 보여주는 패션은 거의 반팔 러닝셔츠와 사각팬티 차림이다. 조폭 하면 떠오르는 쫙 빼입은 짙은 색 정장이 아니라 헐렁한 러닝셔츠와 사각팬티 패션은 매우 상징적이다. 조폭 특유의 절제와 허세가 어우러진 짙은 색 양복은 자신을 보호해주기보다, 아내와 딸 그리고 관객에게 다가가는 데 방해물이 된다는 걸 본능적으로 알고 있기라도 하듯 말이다.

딸의 담임선생에게 룸싸롱 상품권이런 건 어디에서 구하는 건지 그리고 과연 액면가대로 사용될 수 있는 건지, 갑자기 궁금해진다. 순전히 지적 호기심에서 나오는 궁금증임을 밝힌다을 선물하는 행위까지도 그것이 자식을 둔 아버지로서의 염려와 바람이 동봉된 봉투였기 때문에 비난보다는 동정이 앞서게 된다.

한마디로 강인구의 소탈한 인간적 면모에 관객이 가진 비평의 칼날은 무디어져 버리고 만다. 그런데 우리는 어떤 상황에서 '인간적'이라는 말을 떠올리게 되는 걸까?

바둑 천재 이세돌이 알파고와의 대국장에 딸의 손을 잡은 채 입장할 때, 이세돌의 인간적인 모습을 발견하게 된다. 알파고와의 낯선 대국을 앞두고 딸의 자그마한 손에서 전해져 오는 토닥임이 어떤 것인지, 우리는 짐작할 수 있다. 이렇게 우리가 일상 속에서 늘 접하면서 느끼는 희노애락의 편린들을 우리는 인간적이라고 표현한다. 누구나 일상에서 경험하고 있는 익숙한 삶의 모습이어서 자신의 경험과 쉽게 동기화가 되는 이야기들이다. 바로 반팔 러닝셔츠와 사각팬티 차림의 아버지 모습이다.

그래서 우리는 강인구의 깡패 짓에는 결코 공감할 수 없지만, 아내와 딸을 대하는 아버지 노릇에는 공감할 수 있는 것이다. 주인공의 깡패 짓거리를 비교적 너그럽게 봐줄 수 있는 것은 자신도 깡패 짓이 싫지만, 그 깡패 짓이 아버지 노릇을 제대로 하기 위한 불가피한 선택이라는 설정에 슬며시 수긍이 가기 때문이다.

이렇게 강인구는 가족의 생계를 책임지기 위해 더 나아가 아버지로서 좀 더 때깔 나게 폼잡고 싶어 하기 싫은 깡패 짓을 이어 간다. 이윽고 버라이어티한 폭력이 난무한 뒤, 얼떨결에 강인구는 조직의 두목까지 제거하고 라이벌 조직의 도움으로 한몫 단단히 챙기게 된다.

번듯한 저택을 마련하고 이윽고 아들과 딸 그리고 아내까지 미국캐나다인지도 모르겠다으로 유학을 보내줄 정도의 여유를 누린다. 웬만한 재력과 부성애 없이는 하기 어려운 기러기생활에까지 돌입한 것이다. 깡패 짓까지 해서 돈을 모아 자식 해외유학 보낸다는 설정은 우리네 정서에 흡수되기 어렵지 않다.

그런데 여기서 문득, 이 영화의 제목이 궁금해진다. 왜 〈우아한 세계〉일까?

영화의 내용과 전혀 어울리지 않는데 말이다. 전혀 우아하지 않은 현실을 우아하다고 강변하는 제목에서 백조가 떠올려진다. 우아함의 대명사인 백조가 물밑에서는 경망스럽게 발길질을 하고 있다고 해서, 백조는 역설적이게도 위선의 대명사로 불리기도 한다.

이 영화의 제목에서 백조의 가식 또는 백조를 바라보는 우리들의 착각이나 편견이 떠오르는 건 그래서일 것이다. 그럴싸하게 꾸며지는 세상의 비즈니스들이, 실은 밑바닥 세계에서 송강호가 일삼는 거친 손목 비틀기와 그 본질에 있어서 크게 다를 바 없다는 생각에서 나온 제목이 아닐지? 그래서 온갖 우아를 떨고 있지만, 실은 피 철철 흘리는 송강호의 깡패 짓보다 그리 나을 게 없다는 차가운 비웃음일 수 있는 것이다.

만약 그렇다면 가족을 위해 기러기생활도 기꺼이 감내하는 아버지 강인구는 꽤 괜찮은 아버지라고 할 수 있지 않을까?

게다가 깡패도 하나의 직업이고 그것이 다른 모든 사람들이 벌이고 있는 돈과 권력을 향한 몸부림과 크게 다를 바 없다면 말이다. 직업으로서의 깡패 짓, 경제적으로 윤택한 삶, 가족을 위한 헌신적인 투자 등으로 정리되는 주인공의 삶을 보고 있노라면 묻고 싶어진다. 이거 어쩌면 이른바 '일가정양립Work and Life Balance'의 경지에게까지 도달한 것이 아닐까?'

이 영화의 라스트 신을 보자. 어느 휴일 아침, 라면 냄비를 앉은뱅이 밥상에 놓고서는 미국에서 가족이 보내온 비디오테이프를 튼다. 기러기아빠의 아내와 아들 그리고 딸이 찍어 보낸 그들의 단란한 일상이 흘러나온다.

햇살은 따사롭고 음악은 경쾌하다. 러닝셔츠와 사각팬티를 걸친 채

라면을 후르륵거리던 기러기 한 마리는 목구멍을 넘어가는 라면 면발을 비집고 올라오는 그 무언가를 서서히 느낀다. 그들만의 단란한 영상이 문득 방구석에서 홀로 라면을 먹고 있는 자기 자신을 비춰준 것이다. 라면을 우겨 넣는 대신 눈물과 콧물을 내어 놓던 그는 돌연 라면 냄비를 내동댕이친다.

잠시 정적이 흐르지만 저항은 거기까지다. 면발이 흩어져 있는 방바닥을 치워야 하는 건, 결국 그의 몫이라는 엄혹한 현실을 모른 체할 수 없기 때문이다. 밖에서는 한가락 하는 무법자이든, 어마어마한 카리스마를 가지고 있든 상관없다. 마음 놓고 성질을 부리기에는 기러기아빠 앞에 펼쳐지는 현실은 이렇게 냉철하다.

결국 강인구는 푸념 섞인 눈물과 콧물을 훔치면서 쪼그려 앉아 걸레로 방바닥을 닦으면서 영화는 끝난다. 눈부신 햇살과 경쾌한 음악이 흐르면서 말이다.

해피엔딩인 것도 같고 아닌 것도 같은 엔딩을 보면서 아버지 강인구는 결코 잘 살지 못했다는 생각이 든다. 깡패라는 그의 직업이 도덕적이지 못해서가 아니다. 그의 삶은 속이 비어 있는 어떤 껍데기 같기 때문이다.

그 껍데기 속에는 강인구 자신의 삶이 들어 있지 않을 뿐만 아니라 가족들과의 상호작용도 빈약하기 그지없다.

언젠가 어느 잡지사에서 마련한 아버지 특집기획에서 배우 정은표 씨와 함께 자리할 기회가 있었다. 그때 들었던 정은표 씨의 에피소드가 생각난다. 그의 아내가 애들에게 "아빠가 너희들을 위해서 새벽에도, 한밤중에도 일을 나가신다."라고 말했을 때, "아니야, 너희들만을 위해서가 아니라 아빠가 좋아서 이 일을 하고, 그래서 신나게 일하기 때문에 보람도 크고 돈도 벌어서 좋은 거다."라고 바로잡았다고 한다.

"이번 주말엔 봉사해야 해."라고 말하곤 하는 우리네 아빠들의 '의무 방어'적 아버지 역할에 문제 제기를 하고 있던 나는 큰 감동을 받았다.

감동적인 이 이야기가 담고 있는 메시지처럼 아버지의 자아실현과 가족과 함께하기, 이 2가지가 양립될 때에 아버지의 '일'은 더욱 빛나게 된다. 이른바 일과 가정생활이 조화를 이루는 상태다. 그러나 안타깝게도 강인구의 삶 속에는 자신의 자아실현도 없고 가족과 함께 나누는 일상도 찾아볼 수 없다.

그런 가운데 태평양을 사이에 두고 공간적으로 떨어져 있는 강인구와 가족들의 삶은 단절될 수밖에 없다. 아버지의 일과 사회생활이 가족들에게 간접적으로라도 나누어지고, 그 과정에서 아버지의 존재가 아이들에게 느껴질 때에야 비로소 가족들은 아버지와 연결될 수 있는데 말이다.

자식에게 생명을 불어넣는 것이 1차원적 아버지 노릇이라면, 생존을 위해 먹을 것과 잠자리를 제공해주는 생계부양이 아버지의 2차원적 역할이라고 할 수 있겠다.

하지만 아버지의 역할은 여기서 멈춰서는 안 된다. 자식은 아버지를 통해 세상을 느끼고 배우기에 아버지는 모든 것을 바쳐 성실하게 살아야 한다. 이것이 아버지의 3차원적 역할이다. 아버지의 3차원적 역할이 존재할 때, 다달이 부쳐지는 생활비는 온 세상에 널린 숫자가 아니라 아버지의 땀과 냄새로 번역될 수 있다.

요사이 '일가정양립'이라는 말이 곳곳에서 빈번하게 들려온다. 하지만 이건 결코 쉽지 않은 과제다. 이 쉽지 않은 과제는 아버지 자신의 자아실현과 아버지의 3차원적 역할이 통합될 때, 비로소 완수될 수 있을 것 같다.

실천하는 사랑은
힘이 세다

 〈빌리 엘리어트〉 2001, 감독 스티븐 달드리

영국 북부 탄광촌 출신으로서 영국 로열발레단 무용수가 된 필립 말스덴의 실화에서 영감을 받아 만들어진 영화가 〈빌리 엘리어트Billy Elliot〉다. 이 영화는 2000년 작품이었는데, 2017년에 다시 개봉될 정도로 많은 사랑을 받아 왔다.

영화 제목이 천연덕스럽게 말해주듯 이 영화의 주인공은 빌리 엘리어트다. 하지만 나는 이 영화를 빌리의 아버지 재키 엘리어트를 주인공으로 놓고 다시 보기로 했다.

광부인 아버지 재키 엘리어트는 어두운 갱도 속으로 내려가듯 자신의 내면 속으로 들어가 버리곤 하는 무뚝뚝한 남자다. 하지만 검은 석

탄가루 묻은 얼굴과 몸과는 달리 그의 마음은 뜨거운 물로 샤워한 뒤의 수줍은 엉덩이처럼 언제나 뽀얗다.

특히 왕립발레단으로부터 날아온 면접시험 결과가 들어 있는 편지를 받아든 재키의 모습이 인상적이다. 합격 여부의 결과통지서가 들어 있는 편지를 먼저 뜯어보지 않은 채, 아들 빌리가 오기를 초조하게 기다리는 장면은 한국의 아버지들이 미처 상상하지 못했던 모습이다. 내가 그 입장이었다면 어땠을까? 과연 안 뜯어봤을까? 자신이 없다.

하지만 배움은 많지 않고 그리 다정다감하지도 않은 재키는 아들을 만나러 온 운명을 어린 아들이 스스로 그리고 온전히 맞이하도록 배려하고 있다. 이윽고 무심한 표정을 한 빌리가 던지는 합격이라는 소식에, 삼겹살에 마늘과 파무침 가득한 상추쌈을 한입 가득 머금고나 지을 수 있을 법한 함박웃음으로 기뻐한다. 사람을 참 가슴 벅차게 만드는 사나이다. 주인공으로서 전혀 손색이 없다.

수능을 마친 고3 교실에서 "앞으로 살 날이 1년밖에 남지 않았다면, 당신의 '꿈'을 이루는 것과 '5억 원의 돈' 중에 무엇을 선택하겠습니까?"라는 질문이 던져진다. 학생들은 하나같이 꿈을 이루기 위해 1년을 보내겠다고 입을 모은다. 시한부 삶이라는 무거운 질문이었음에도 아이들 특유의 발랄함이 여기저기서 튀어 오른다.

갑자기 교실 안 조명이 꺼지면서 스크린 속에 학생들의 아버지들이 등장한다. 학생들은 어리둥절하면서 눈과 귀를 쫑긋 세운다. 화면 속에서 아버지들은 같은 질문을 받게 되고, 거의 모든 아버지들은 5억 원을 선택하겠다고 한다. 남은 가족을 위해, 아이들을 위해서 말이다. 어둠 속에서 학생들은 눈물을 흘린다.

언젠가 본 〈가장, 지키고 싶은 꿈〉이라는 제목의 동영상 내용이다. 동영상을 보면서 내 눈은 슬픔을 이기지 못했다. 남성 호르몬이 줄어든 탓인지, 눈물의 치유 효과를 믿고 있는 탓인지, 요새는 울보 비슷해진 것 같다.

암튼 감동의 도가니탕이었지만, 그 와중에 내 감정이 100% 동화되는 것을 방해하는 뭔가가 꿈틀거리고 있었다. 곰곰 생각해보니 동영상을 보면서 나는 5억 원을 선택하지 않았던 것이다. 일단 '돈'은 아니라고 제쳐 놓은 채 내 '꿈'이 무엇이고, 그것을 어떻게 이룰 것인지에 대해 찰나적으로 고민했었던 것 같다. 이 사실을 아내가 안다면 "당신은 역시 이기적인 사람이야!"라고 쏘아 붙일지도 모른다.

하지만 그러거나 말거나 나는 주장한다. 남은 1년을 "돈이 아닌 그 무엇으로 채우는 것이 아버지 본인을 위해서도 남아있는 가족을 위해서도 더 가치롭다."라고 말이다. 그래서 이 감동적 동영상이 아빠들에게 더욱 더 희생하면서 돈으로 아버지 노릇을 하겠다는 각오만을 다지게 할까 봐 염려된다. 아버지라는 이름으로 너무 무거운 짐을 지게 되어,

또 하나의 노동으로 변질된 아버지 노릇이란 결과적으로 성공적이지
못하기 때문이다.

얼마전 페이스북에 호떡에 관한 단상이 올라왔다. 덕분에 그동안 잊
고 지냈던 호떡에 대한 아련함이 되살아났다. 나는 어릴 때부터 유난
히 호떡을 좋아했다. 하긴 돌아서면 배고픈 그 시절에 뭔들 맛나지 않
았을까마는 부산의 어느 버스정류장 옆 호떡집에서의 아찔했던 호떡
과의 첫 키스는 지금도 잊을 수가 없다. 이후 어스름 무렵이면 호떡이
구워지는 냄새를 동무삼아 일 나가셨던 어머니를 거기지금은 어디인지 기
억해낼 수조차 없는 곳이다에서 기다렸다. 그러면 번번이 따뜻한 호떡 봉지
가 내 손에 쥐어졌다. 봉지 안에서 끈적끈적하게 나를 올려다보던 호
떡 꿀의 사랑스런 표정이 지금도 생생하다.

　나의 호떡 사랑은 대학 시절 하숙할 때까지 이어졌다. 당시 하숙집에
서 대로변으로 내려오면 289 버스종점이 있었는데, 그 건너편에서 호
떡을 구워 팔던 아저씨가 지금도 생각난다. 다른 호떡집이 아니라 포장마
차, 아니 포장마차라고 하기에도 그렇고 '포장된 리어카'라고 부르는 게 적당하겠다에서는
식용유에 마치 튀기듯이 굽지만, 유독 그 아저씨만 마아가린으로 구워
냈기 때문에 호떡 마니아였던 나를 단박에 매료시켰었다. 추운 겨울

저녁, 출출해지면 추리닝 바지에 슬리퍼 바람으로 내려가 발을 동동거리면서 호떡이 봉지에 담기길 재촉하던 기억이 새롭다.

세월이 흘러 이젠 예전처럼 호떡에 사족을 못 쓰는 지경은 벗어났다. 일단 소화력이 예전 같지가 않다. 게다가 식용유가 아니라 마아가린으로 구워야 한다는 호떡 마니아의 엄격한 기준을 충족시켜주는 곳도 드물다. 그래도 빵 쟁반과 집게를 들고 베이커리를 누빌 때면 의례히 호떡 유사품을 들었다 났다 하는 건 여전하다. 그러던 중에 호떡이 등장한 글을 페이스북에서 만난 것이다. 반가왔다!

아버지는 딸아이가 어릴 적 퇴근길에 호떡을 사다주곤 했다. 어린 딸은 아빠가 사온 호떡이 달콤하고 고소하고 정말 맛있었다. 아버지는 다니던 직장에서 정년을 했고, 이젠 머리가 희끗희끗해졌다. 딸은 옛날 생각이 나서 사온 아빠의 호떡을 봉지도 안 열어본 채로 책상 위에 놓아둔 지 오래다. 딸은 이제 더 이상 어리지 않아서 저녁때가 되어도 들어오지 않은 아빠를 기다리지 않는다.

어린 딸에게 아빠는 점점 말이 통하지 않는 늙은이로만 변해간다. 그 딸은 입에 '소통'이라는 말을 달고 산다. 소통이 안 되는 것이 너무 많단다. 아빠랑 왜 대화를 안 하냐고 물으면, 말이 통하지 않아서란다. 소통이 안 된다는 것이다. 딸에게 아빠는 못나게 나이 들어 버린 사람일 뿐이다. 겉으로 말만 하지 않았지, "당신이 나한테 해준 게 뭐 있어요?" 마치 남처럼 감정도 별로 남아있지 않다.

아빠가 그렇게 못되게 군 것도 아니건만 다만 지치도록 열심히 살았고, 그러느라 딸아이와 살갑게 놀아줄 시간도 없었고, 돈을 많이 벌지 못해 입에 돈을 달고 살았고, 나처럼 살지 말라고 딸아이에게 근면 성실을 강조했고, '노스페이스'는 못 사줘도 비슷하게 따뜻한 '노드페이스'는 사줬지만 딸아이는 한 번도 안 입었을 뿐이고, 아직도 딸아이가 호떡을 좋아할 거라고 지금도 믿고 있을 뿐이다. 아빠는 오늘도 다 식어가는 호떡을 가슴에 품고 버스정류장에서 집으로 향한다. 이게 나다.

소슬한 찬바람이 가슴 한편을 스치는 어느 아버지의 글이었다. 그런데 생각해보면 아빠들의 가슴앓이는 아이가 사춘기에 들어선 경우에만 그치지 않는다. 생생하게 젊은 아빠들도 왠지 자신감이 없고, 아이들 눈치 보기에 바빠 보인다. 왜 그럴까? 요새 아빠들이 기백이 약해진 이유가 뭘까?

나는 아버지 노릇에 대한 잘못된 프레임Frame 탓이라고 생각한다. 잘못된 프레임의 첫 번째는 '아버지를 자식을 위한 수단적 존재로만 바라보는 것'이다. 자신의 정체성을 자식을 먹여 살리는, 가족을 위해 돈을 벌어 오는 도구로만 인식하다보니 아버지는 속빈 강정처럼 자아를 잃어간다.

물론 가족을 등 따시고 배부르게 하는 것은 아버지의 가장 중요한 책임이자 최고의 보람이다. 하지만 한 사람의 인생이란 하나의 역할을 위해서만 존재하는 것은 아니다.

한 남자에게는 아버지 이외에도 수많은 다른 이름이 있다. 다이아몬드를 평면으로만 깎으면 전혀 아름답지 않다. 수많은 각도의 컷Cut에서 다이아몬드의 영롱함이 나오는 것이다. 아버지의 실존적 삶이 풍성해질 때, 아버지 노릇도 살아나지 않을까?

게다가 아버지가 수단적 존재에 머물 때, 아버지 노릇은 가급적이면 피하고 싶은 노동이 된다. 희생정신과 의무감으로 각오를 다져야 한다면 '자연산 좋은 아버지'는 나오기 어렵다. '약 먹듯이 자식을 대하는 아버지'는 '입꼬리가 올라가는 아버지'를 결코 따라갈 수 없는 법이다.

잘못된 프레임의 두 번째는 '돈으로 아버지 노릇을 때울 수 있다고 하는 생각'이다. 아버지 노릇이란 백화점에서 카드 긁고 척하니 걸칠 수 있는 기성복이 아니며, 백화점 식당가로 올라가서 호기롭게 주문하는 코스요리도 아니다. 돈을 쓰면 쓸수록 아버지 노릇은 다른 누군가가 대신하게 된다.

영혼과 사랑이 결핍된 그리고 상혼에 물든 그 어떤 사람들에 의해서 말이다. 아버지와 아이들도 그걸 느낀다. 그래서 돈으로 아버지 노릇을 사는 아버지들은 아이들과 뒹굴면서 몸으로 때우는 아버지들 앞에 서면 왠지 켕기는 게 아닐까?

부처님이 이 세상에 와서 처음 하신 말이 천상천하 유아독존天上天下
唯我獨尊이었다고 한다. 혼자 잘났다는 의미로 인용되기도 하지만, 부처
님이 독선을 말씀하셨을 리는 없다. 다른 어떤 존재에 기대어 비로소
내가 존귀해지는 것이 아니라, 우주에 홀로 있더라도 존귀한 존재라는
뜻으로 새겨야 한다.

그러니 가족을 위해 자신을 불태워야 한다는 강박에서 한 걸음 물러
나자. 돈을 벌어다주지 못한다고 해서 너무 기죽지도 말자. 아버지로
서의 책임을 저버리고 자기 마음대로 살자는 게 아니다. 오히려 훌륭
한 아버지가 되기 위해서라도 먼저 자기 자신부터 충만해지자는 거다.

문득 아버지 우상화를 외치던 친구가 생각난다. 아들 둘을 둔 그는
집에서 절대적인 권위를 행사하고 있고, 끊임없이 '아버지 우상화' 작
업에 힘쓴다고 농담 반 진담 반으로 말하곤 한다. 언제 그가 가진 아버
지로서의 기백에 대해 찬찬히 들어보고 싶다. 안주머니에 '아버지 사
직서'를 넣고 다니기보다는 '아버지 우상화'가 나아 보이니 말이다.

육아살롱 in 영화

Parents & Children

같은 곳을 보다,

'나란히 손잡고 같은 시선으로!'

흘리지 마라? vs
흘리면 닦자!

 〈겨울왕국〉 2014, 감독 크리스 벅, 제니퍼 리

두 달 전이다. 둘째 아이가 다니는 어린이집에서 초대장을 보내왔다. 〈자녀와 함께하는 송편 만들기〉 행사를 알려온 것이다. 매일 등·하원을 하며 어린이집 앞을 서성거렸지만, 아이가 생활하는 공간에는 가본 적이 없었다. 그래서 궁금증을 해소할 겸 덜컥 참석한다고 했다_{잠시, 아주 잠시 나만 홀로 남자면 좀 쑥스럽겠지, 하는 생각도 했지만 말이다}.

　일주일 후, 두 명의 할머니와 열 명 가량의 부모가 참석했다. 반가운 얼굴을 본 아이들 중 몇몇은 평소보다 더 큰 액션으로 넘치는 에너지를 발산하여 엄마를 당황하게 만들기도 했다. 또 몇몇은 엄마 품에 안기어 눈앞에 펼쳐지는 일들을 조용히 관찰하기도 했다. 한 여자 아이는 선생님의 품에 안겨 있었는데 새초롬히 입술이 삐죽 내민 것이 꼭 나의 첫째 아이와 닮았다.

올해 아홉 살인 첫째 아이는 돌 때부터 3년간 어린이집을 다녔는데, 우리 부부는 한 번도 이런 행사에 참석한 적이 없다는 것을 오늘에야 알게 되었다.

잠시 어색한 소개의 시간이 지나고 본격적으로 송편을 만들 준비가 이루어졌다. 식탁에 하나둘씩 음식 재료가 옮겨지면서 다들 자기 자리를 찾아 앉는데, 한 아이가 식탁에 발을 올린다. 갑작스런 아이의 행동에 놀란 엄마가 말한다.

"친구들을 봐! 누가 여기에 발을 올리니?!"

시무룩해진 아이가 고개를 떨구려는 찰나, 나와 눈이 마주쳤다. 괜스레 미안해진 나는 녀석의 마음을 헤아려본다.

왜 발을 올렸을까?

'식탁에 지나가는 징그러운 벌레를 잡으려고' 아니면 '발바닥이 가려웠거나 먼지가 묻어 이를 털어내려고.'

엄마의 말을 들은 아이는 어떤 생각을 했을까?

'자신의 행동이 예의범절이 아니니 그러진 말아야지' 하고, 아니면 '남들이 하지 않은 일을 하면 안 되는구나' 하고.

육아에 있어 건강한 생각과 바른 생활 습관을 갖게 가르치는 훈육은 먹이고, 씻기고, 입히고, 재우는 것만큼 어쩜 그보다 더 중요하다. 그런

육아살롱 in 영화, 부모 3.0

데 아이가 기어다니다 걷고 또 뛰게 되면, 소리에서 단어로 말하다가 급기야 자신의 생각을 문장으로 말하는 순간이 되면 훈육은 점점 더 어려워진다.

육아 전문가들의 책을 보더라도 나와 내 아이의 상황에 딱 맞는 것은 아니고, 때론 전문가들 사이에도 의견이 달라 종종 혼란스럽다. 그러고 보니 훈육의 어려움은 나라님에게도 예외는 아니었던 모양이다.

2014년 남녀노소 구분 없이 모두가 좋아했던 영화가 있다. 다름 아닌 〈겨울왕국Frozen〉이다. 당시엔 가방, 모자, 옷을 온통 엘사와 안나로 장식했던 첫째 아이와 보았는데, 요즘은 세 살 둘째와 또다시 보고 있다.

✳✳✳

아렌델 왕국에는 엘사와 안나, 사이좋은 두 공주가 살고 있다. 모든 것을 얼려 버릴 수 있는 능력을 가진 언니 엘사와 즐거운 상상과 밝은 미소를 가진 동생 안나. 어느 날 둘은 잠에서 깨자마자, 눈과 얼음을 만들며 놀기 시작한다. 그러다 엘사의 마법으로 인해 안나가 깊은 상처를 입게 되고, 급히 달려온 아빠왕는 쓰러진 안나를 보며 어린 엘사에게 "무슨 짓을 한 거니, 통제 불능이잖아?"라고 소리를 높인다.

다행히 트롤을 찾아 안나의 상처를 치료하지만, "엘사의 마법은 아름다우나 위험하기도 하니, 이를 조절하는 법을 배워야 한다."라는 이야기를 듣게 된다. 이에 아빠는 자신이 아이들을 지킬 것이며, 엘사는 확실히 조절하는 법을 배우게 될 것이라고 단언한다. 그런 후 아빠는 무슨 일을 했을까?

성으로 돌아와 문을 잠그고, 시종의 수를 줄이고, 사람과의 접촉을 금지한다.

이렇게 엘사의 힘을 누구도 알지 못하게 숨긴다. 같이 눈사람을 만들자는 동생의 간절한 요청에도, 차갑게 닫힌 문에 기대어 온몸을 웅크려야 했던 엘사는 "숨겨라, 의식하지 마라, 보여주지 마라."는 아빠의 말을 되새기며 자란다.

왕과 왕비인 아빠와 엄마가 사고로 돌아가시고도 철저히 떨어져 살았던 자매는 언니 엘사의 대관식이 열리는 날 다시 만나게 된다. 그런데 느닷없이 안나는 결혼을 선언하고 엘사는 허락하지 않는다. 그러자 안나는 그동안의 외로움과 서운함을 언니에게 토로하는데, 이를 듣고 당황한 엘사는 결국 통제력을 잃고 아렌델을 온통 꽁꽁 얼어붙게 만든다. 왕국을 버리고 자신의 길을 떠나는 엘사가 마음속 응어리를 터뜨리며 노래를 부르는데, 이것이 그 유명한 〈Let it go〉다.

엘사가 홀로 눈길을 거닐며 〈Let it go〉를 부르는 장면은 둘째의 목청을 자극함은 물론 육아에 지친 내 속을 시원하게 뚫어준다. 그러다 문득 안나가 처음 다쳤을 때, '어린 엘사가 마법을 통제하도록 가르치는 방법에서 왕인 아빠가 다른 모습을 보였다면 어떠했을까?'라는 상상을

　　　　　　　　　　육아살롱 in 영화, 부모 3.0

해본다.

아빠가 엘사의 마음에 귀 기울이고, 함께 작은 마법을 사용하며 실패하는 법을 하나씩 알아갔다면, 마법의 힘이 심장에 닿아 사람을 해치는 치명적 위험을 제외하고 다양한 시도를 했다면, 혹시 힘을 조절하는 방법을 찾을 수 있지 않았을까? 아마 그랬다면 재미난 영화가 탄생하지 않았겠지!

성장할수록 마법의 힘은 강해지는데, 이를 통제하지 못하는 엘사에게, 부모가 한 것은 "숨겨라. 의식하지 마라."는 말이 전부였다. 함께 부딪히고 위험에 노출되며 점점 자신감을 찾아가는 방법이 아니라, 일방적이고 선언적인 훈육이다.

이것이 엘사를 더 두려움에 떨게 하고 자신을 가두게 만들지는 않았을까?

혼자만의 시간과 공간에 깊숙이 빠져들었던 엘사가 드디어 성을 떠나 홀로 눈길을 걸으며, "I'm free!"를 외치는 장면에선 자연스레 나의 두 딸을 떠올리게 된다. 녀석들이 엘사와 안나 같은 미모의 소유자여서가 아니라, 나라님보다 배운 것도 적고 예절도 모르며 타인을 배려하고 존중하는 능력도 낮은 보통 아빠에게 어제, 오늘, 내일 매일 반복되는 잔소리로 훈육되고 있기 때문이다.

며칠 전 아침을 먹고 옷을 주섬주섬 챙기며 등원 준비를 하던 둘째 아이가 갑자기 시야에서 사라졌다. '빨리 가야 하는데, 또 어디 갔지?' 하는 생각을 하기 무섭게 탁! 꽉! 하는 소리가 들려왔다. 소리가 난 발코니로 달려가니 노란색 곰인형 배 위에 화분 하나가 흙을 토해냈다. 귀중한 아침시간에 발생한 예상치 못한 상황에 나는 절망했고 이번만은 그냥 넘어가지 않으리라 다짐하며 목소리를 높였다.

"쭉쭉이둘째! 혼나야겠어!"

"응?멀뚱멀뚱"

(아빠는 아이를 혼낼 것이라 마음을 굳게 먹고, 우아한 방법이라 착각하며 최후통첩을 보낸다)

"만약 생쥐가쭉쭉이의 가상친구 화분을 쭉쭉이 인형 위에 엎었어. 쭉쭉이는 생쥐가 잘못을 한 거니까 혼내겠지?"

"아니! 아니!"

(엉? 이건 또 무슨 반응이지. 예상을 벗어났다.)

"왜? 잘못을 했으면 혼내야지. 아니면 뭘 할 건데."

"청소해야지. 청소!"

그렇다. 아이가 화분을 엎으면 먼저 다그치며 혼내는 것이 아니라 같이 청소를 해야 한다. 그리고 아이가 왜 그랬는지를 들어보고 함께 대응책을 고민하면 된다. 어쩌면 평소 화분의 위치를 점검하여 이로 인해 아이가 다칠 위험은 없는지 점검해야 할지도 모르겠다.

그동안 아빠는 식탁에서 물을 엎지르는 아이를 쏘아보았고, 등교시간을 지키기 위해 매일 아침 아이를 따라다니며 닦달했다. 놀이터나 집, 식당 등에서 조금 위험해 보이는 행동을 하면 목청껏 소리쳐 녀석을 긴장하게 만들었다.

"감추고, 의식하지 마렴, 누구도 알아채선 안 돼Conceal, don't feel, don't let them know."와 무엇이 다를까?

돌아보니 물을 엎지르는 아이에겐 직접 닦도록 하거나 한 번 더 엎지르면 식사 중엔 더 이상을 물을 주지 않을 것이라고 할 수도 있었다. 늑장을 부리거나 숙제를 미루는 아이에겐 일찍 깨워 여유시간을 줄 수도 있었고, 지각하거나 하지 않은 일에 대해 책임을 지는 방법을 함께 이야기할 수도 있었다.

또 아이의 행동이 부모의 기준에서 얼마나 위험한 것인지 그로 인해 병원에 가면 한동안 놀 수도 없는 일이 발생하게 된다는 설명을 해주었다면 어떠했을까?

자녀를 지키고 싶은 마음은 나와 같은 필부도 엘사 아빠인 나라님도 서로 다르지 않을 것이다. 아이들은 부모의 품을 떠나 세상을 살아갈 것이고, 그러면서 여러 인연을 만나고 다양한 일을 경험하며, 때론 웃고 때론 울 것이다.

그때마다 부모가 대신 울어줄 수도 없고, "눈물을 삼켜라."며 울지 말라고 다그칠 수도 없다. 그저 타인과 어울려 기쁨을 나누고 축제를 즐기는 여유도 있고, 흐르는 눈물은 스스로 닦아내며 툭툭 털고 다시 일어나는 용기도 있기를 바란다.

　종종 아빠의 훈육을 넘어서는 근본적인 물음과 여기에 스스로 해답을 던지는 아이들의 목소리를 듣기 위해, 이제 아빠는 입을 닫고 귀를 쫑긋 열어둔다.

나란히 앉아 손을 잡고, 같은 곳을 볼 수 있다면

 〈우리들〉 2016, 감독 윤가은

첫째 딸과 함께 둘째를 데리러 어린이집에 갔다. 언니와 아빠를 본 녀석이 엄마의 빈자리를 느낄 것 같으면 우리는 정신없이 달려 떡볶이 가게로 간다.

오늘도 그랬다. 숨가쁘게 도착해 언니는 떡볶이를 동생은 어묵을 먹고, 이를 지켜보던 나는 시간을 거슬러 아기새가 된 듯 아이들이 가져주는 것을 한입씩 받아먹는다.

"어, 저기 서은이다!"

군것질에 빠진 녀석들이 얼굴을 숙이고 있을 때, 건너편에서 걸어오는 첫째 아이의 친구가 보였다. 지난 주말 우리 집에 와서 함께 놀았던 터라, 해가 지는 시각까지 놀고도 못 다한 놀이가 남았는지 아쉬워하며 자신의 팔찌까지 나눠주던 모습이 생각나 내가 먼저 반가워했다. 그런데 어째 첫째의 반응이 시무룩 밍밍하다. 친구가 아닌 떡볶이에 고정된 시선, 나흘 동안 무슨 일이 있었던 것일까?

물어도 답이 없다. "주말에 초대해서 같이 놀까?" 하고 유혹해도 꾸역꾸역 떡볶이만 씹는다.

서은이가 놀러 왔던 지난 토요일, 모처럼 자유시간을 갖게 된 나는 TV에서 영화를 소개하는 프로그램을 보았다. 그때 우연히 초등학교 4학년 여학생들의 이야기, 바로 윤가은 감독의 〈우리들〉을 만났다.

체육시간, 학교 운동장에 모인 아이들은 피구를 하려고 편을 가른다. 가위바위보를 통해 하나둘씩 친구의 이름이 불리고, 마지막에 남은 아이는 주인공 '선'이다. 항상 남겨지던 그에게도 여름 방학식을 하던 날에 친구가 생긴다. 모두가 하교한 후, 홀로 남은 교실에서 전학생 '지아'를 만난 것이다.

엄마에게 투정하고 애교도 부리는 선은 평범한 부모에게서 보통의 (?) 사랑과 관심을 받으며 자란다. 하지만 형편이 넉넉지 않아 친구들이 다 갖고 있는 휴대전화기가 없다. 반면 지아는 경제적으로 여유로운 환경에서 자라지만 부모님은 이혼을 했고, 할머니와 함께 산다.

결핍을 가졌다고 느끼는 선과 지아는 서로의 비밀을 나누며, 부모의 사정으로 취소된 바다여행을 나중에 둘만 가기로 할 만큼 급속히 친해진다.

　내리쬐던 여름날의 햇볕처럼 뜨겁던 그들의 관계는 지아가 학원을 다니면서 조금씩 식어 가는데, '보라'라는 친구를 알게 된 지아가 새로운 무리에 속하게 되면서 서서히 선을 외면하기 시작한다.

　하지만 영원히 고정된 관계란 없듯이 지아도 선을 왕따시키는 보라에 의해 따돌림을 받게 된다. 그러다 지아와 선은 서로 밀치고 때리는 싸움을 하기도 한다. 피해자였던 아이들이 서로 힘이 되어주며 추억을 만들던 관계에서, 이젠 가해자가 되어 "왕따 주제에!" "너도 왕따였잖아!" 하며 보라보다 더 깊이 서로에게 상처를 주는 사이가 된다. 선과 지아는 그럼에도 불구하도 다시 '우리들'로 이어지려는 모습을 보이는데…….

✳✳✳

　아둔한 남자 아빠인 나는 초등학교 4학년 여학생의 섬세한 때론 오묘하기까지 한 감정에 쉴 새 없이 놀라기만 했다. 피구에서 편을 정할 때 자신의 이름만 남겨진 아이의 눈빛에서, 밟지 않은 금을 밟았다며 몰아세우는 친구에 떠밀려 밖으로 나가야 하는 발걸음에서, 비밀을 나누던 친구가 오히려 결핍을 들추며 공격하는 목소리에서, 다른 친구의 한마디에 관계를 단절하고 단절당하는 성난 얼굴에서, 얽히고설키는 수많은 감정의 엇갈림을 보았다.

그러면서 초등학교 2학년을 지나고 있는 첫째 딸을 나는 과연 얼마나 '이해하고 있는 걸까?' '아니 이해할 수 있을까?' 하는 생각에 젖는다.

두 차례의 육아휴직 덕에 씻고, 먹고, 놀고, 다투는 일상을 함께하는 아빠가 되면서 일종의 직업병이 생겼다. 그중 하나가 영화를 보면서 바람직한 가족관계와 아빠의 역할에 대해 생각하는 것이다. 심지어 장르가 서스펜스나 멜로여도 아빠와 자식이 등장하기만 하면 말이다. 이번에도 '선'과 '지아'를 대하는 어른들의 모습에 집중했다.

친구들이 선의 아빠를 알코올 중독자라고 놀리던 날, 선은 빨간 줄이 가득한 시험지를 가지고 집에 왔다.

"이거 진짜 다 모르는 문제였어? 아니잖아. 왜 그랬어?"

"너 오늘 하루 종일 학교에서 누워 있었다며. 선생님한테 전화왔었어. 엄마한테 무슨 일인지 얘기를 해줘야 엄마가 알지. 응? 선아!"

선의 엄마 목소리는 내가 흉내낼 수 없을 만큼 차분하고 부드러웠다. 하지만 선의 입은 열리지 않는다. 때마침 소주 한 병을 들고 귀가한 아빠가 식탁에 앉아 시험지를 본다. "뭐야? 학원도 다닌다며?" 하자, 아빠의 늦은 저녁을 준비하던 엄마가 "모르겠어. 뭔 일이 있는 것 같은데 통 말을 안 하네." 한다.

그러자 아빠의 진심(?)이 이어진다.

"애들이 일 있을 게 뭐 있어. 학교 가고, 공부하고, 친구들과 놀고 그럼 되는 거지."

선의 아빠가 이 말을 덜컥 쏟아냈을 때, 나도 모르게 내 입을 막았다. 단짝처럼 살가웠던 친구와 어색해하는 아이의 모습을 보며, "도대체 뭐가 문제지?" 하고 푸념했던 내가 떠올라서다.

서운하거나 자신이 원하는 것이 따로 있다면 말로 표현하고 조금씩 양보하면 함께 웃을 수 있는 규칙을 찾아낼 수 있을 텐데 "뭐가 어렵지?" 하면서, 또 학교에 가면 책을 보고 선생님 말씀 들으며 알려주는 대로 하면 되는데, 왜 그리 아침만 되면 현관 앞에서 밍기적 거리는지.

가끔 학교 가기 싫다고 하면, 묻지도 듣지도 않고 대수롭지 않게 아이를 쫓아 보냈다. 아이보다 네 배가 넘는 시간을 살아온 나는 지금까지 한 번도 그런 적이 없었다는 듯 시치미를 떼고서 말이다.

다시 영화로 돌아가, 학교에서 선과 지아가 얼굴에 상처를 내며 다투었을 때 선생님이 말한다.

"지아야. 니가 먼저 때렸다며. 왜 그랬어. (침묵) 아휴~ 지아야. 말을 해야 샘이 알지."

예상대로 지아는 아무 말도 하지 않는다. 얼굴에 빨간 상처가 나고 가슴엔 까만 멍이 들어도 아이들이 부모와 선생님에게 말하지 않는 이유는 무엇일까?

누구는 이를 두고 아이들이 한 인간으로서 독립적으로 자신과 주위와의 관계를 풀어가는 과정이라고 했다. 부모의 품에서 벗어나 자신이 판단하고 선택하는, 그래서 그 결과까지 책임지고 받아들이는 성장 과정 말이다. 비록 서툴러 먼길로 돌아오고 때론 깊은 상처에 울기도 하지만, 온전히 스스로의 힘으로 길을 찾아가는 어른이 되는 과정이라고.

이 말을 들었을 때, 나는 선이 보라의 생일파티에 참석하지 못하고 지아를 처음 만났던 일을 엄마에게 말하던 장면을 떠올렸다. 피곤한 몸을 이끌고 퇴근한 엄마는 선을 등지고 "친구 생일파티는 어땠니?" 하고 물었다. 잠시 머뭇거리던 선이 말한다.

"그냥……. (보라가 잘못된 주소를 알려줬다.) 엄마, 있잖아요. 제가 오늘 새로운 친구를 만났는데, 걔 이름이 한지아거든요. 오늘 전학을 왔는데, 제일 먼저 만난 친구가 저래요. 신기하죠? (두리번거리며) 엄마~"

보라에 대한 실망과 지아에 대한 설렘을 담은 속마음을 꺼내는 순간, 엄마는 방에서 동생 윤의 옆에 누워 잠이 들었다.

잠에서 깨어나 다시 잠이 드는 순간까지 씻고 먹고 입는 것을 챙기는 것은 물론, 자는 동안에는 이불을 차고 배를 내밀면 감기에 걸리지 않을까 걱정하고, 감기로 열이 오르면 찜질하느라 잠을 설치는 내 모습에, 아이를 가장 사랑하고 가장 잘 알고 있는 사람은 바로 '나'라고 자신했다.

한발 비껴 서니 나의 사랑과 보호는 아이가 누구와 노는지, 어떤 놀이를 즐기는지, 무엇을 좋아하는지도 제대로 알지 못하면서, 내 방식을 강요하고 그렇게 길들이는 근사하게 포장된 속 빈 상자에 가깝다.

아이들이 보냈던 수많은 작고 약한 신호를 부모가 피곤하다는 핑계로, 누구나 겪는 과정이라는 선입견으로, 별일 아니라는 안이함으로 스쳐 지났기에 아이들은 혼자임을 선택하는 것이 아닐까?

***

며칠 후 윤가은 감독의 인터뷰 기사를 보았다. 그는 다소 독특한 방식으로 배우를 캐스팅하고 연출을 진행했다. 보통 캐스팅은 오디션을 열어, 여러 지원자 중 주어진 대사를 가장 잘 연기하는 이를 선정하는 과정을 따른다.

그런데 윤가은 감독은 선, 지아, 보라 등의 여러 아이들과 긴 시간 동안 이야기를 나누고 관찰하며, 본래 아이가 갖고 있는 성향과 가장 가까운 배역을 정했다고 했다.

실제 촬영에서도 감독이 구상한 장면을 끌어내기 위해 뜬금없이 슬픈 추억을 떠올리며 배우의 눈물을 담아내는 연출이 아니라, 장면과 상황에 대한 설명을 한 후에 배우와 직접 소통하면서 아이들이 스스로 감정을 찾아가며 자연스레 자신을 표현할 수 있도록 도왔다고 한다. 그래서일까? 연기학원에서 배운 정형화된 연기가 아니라, 일상에서 만날 수 있는 생동감 넘치는 아역 배우의 연기에 대한 호평이 많다.

영화를 전개하는 시선도 특이했다. 카메라는 어른 혹은 제3자의 시선이 아니라, 철저히 아이들의 눈높이에 맞추어져 있었다. 선이 아빠가 소주를 들고 와 식탁에 앉는 장면도, 아빠의 목소리를 배경으로 식탁에 놓이는 소주병을 노려보는 선의 시선으로 그려진다.

엄마와 선생님, 문구점 주인 등 어른들과 대화하는 장면에서도 어른의 모습은 배와 허리만 보이거나 심지어 목소리만 들려 아이들의 시선에 몰입되게 하였다. 나는 쉬운(?) 사람이므로 감독의 의도에 푹 빠져들었다. 그가 보여준 아역 배우와의 소통법은 아이에 대한 미안함과 육아에 대한 두려움을 가진 내게 또 하나의 등불이 된다.

감독은 영화의 마지막에서 관계의 본질이 무엇인지를, 지금 이 순간 중요한 것이 무엇인지를 묻고자, 머릿속에 가득한 고정관념을 한 방에 훅 보내고자 천연덕스러운 막내 윤의 입을 빌린다.

연우라는 친구와 놀다가 눈에 상처 입은 동생 윤에게 누나 선이 "때렸어야지." "다시 때렸어야지." "걔가 다시 때렸다면 또 때렸어야지." 하자 동생이 묻는다.

"그럼 언제 놀아? 연우가 때리고 나도 때리고, 연우가 때리고 나도 때

육아살롱 in 영화, 부모 3.0

리고. 그럼 언제 놀아? 나 그냥 놀고 싶은데."

　이제 아이들이 집에 올 시간이다. 좋아하는 쿠키와 과일을 준비해야겠다. 필살기인 아이스크림까지도. 오늘은 신나게 놀 거다. "씻어라." "숙제해라." "TV 그만 보고 책을 봐라." 하는 잔소리 대신 깔깔깔 배꼽을 잡을 만큼 신나게 놀 거다. 비록 30분을 넘기지 못하고 TV 애니메이션에 구조 요청을 할지도 모르지만, 지금 손을 맞잡고 같은 곳을 볼수 있다면 오늘의 시도가 헛되진 않겠지.

체벌,
정말 필요악인가?

 〈4등〉 2016, 감독 정지우

딩동, 조심스레 현관문이 열린다. 하교 후, 곧장 집으로 온 첫째의 표정이 굳었다. 울먹인다. 준비물을 빠뜨려서 선생님께 혼났나? 며칠 전 희소가 영아에게 자기 험담을 했다고 속상하다 했는데, 오늘도 다투었나? 예상치 못한 아이의 모습에 당황한 나는 이리저리 머리를 굴려본다. "무슨 일 있었어?"라고 채근하는 아빠에게 힘없이 돌아오는 아이의 목소리.

"수영 안 가고 싶어."

첫째는 3개월 전 친구들과 함께 수영장에 다니기 시작했다. 체육관 공사로 한 달간 쉬고 다시 가게 된 오늘, 사정이 생겨 자신만 강습 요일이 변경되었는데 홀로 가야 하는 것이 부담스러웠던 모양이다. 아무렇지 않게 웃으며 씩씩하게 가면 얼마나 좋겠느냐 만은, 낯섦과 변화에 주저하는 모습이 아빠를 쏘옥 닮았다.

어린이집에 들러 동생을 만나 셋이서 함께 수영장으로 향한다. 강습이 끝날 때까지 기다리기로 약속하니, 첫째가 다소 안정된 표정으로 인사를 건넨다.

언니의 수영을 보려는 둘째와 2층에 오르니, 창가에 목을 내민 엄마들이 한가득이다. 게다가 첫째와 같은 초급반 아이들의 엄마가 대부분인데, 엄마들의 열의에 흠칫 놀란 나는 사각지대에 남겨진 자리에 조용히 앉았다.

제일 뒤에 자리한 첫째가 보인다. 참방참방, 물을 차는 발이 아빠의 기대보다 가볍다. 축축 치고 앞사람을 따라잡는 모습에 입꼬리가 올라간다. 아이들의 엎치락뒤치락하는 모습을 보며 나타나는 엄마들의 기쁨, 아쉬움 그리고 냉철한 평가는 마치 수영대회에 참석한 것 같다.

수영을 좋아하는 한 아이가 있다. 이름은 준호, 매번 대회에 나가지만 결과는 항상 4등이다. 경기 후엔 천진한 표정으로 우승한 선수에게 "1등 하면 기분이 어때요?"라고 묻는다. 엄마는 남편에게 전화해 '또 4

등'이라고 푸념한다. 취미로 배우게 하자는 남편에게 "그게 무슨 말이냐."며 소리친다. 급기야 준호를 1등으로 만들기 위해 전담 코치를 소개받는다. 2016년 개봉한 정지우 감독의 영화 〈4등〉은 이렇게 시작한다.

준호가 만난 코치 광수는 한때 한국 신기록을 갖기도 했던 유망한 선수였다. 1998년 방콕 아시안게임을 앞두고 선수촌에 들어가는 것이 늦어졌고, 이에 국가대표 감독은 몽둥이로 광수의 엉덩이와 팔에 팍팍 체벌을 가했다. 결국 그는 아시안게임 출전을 포기하고 선수생활을 그만둔다.

상처를 가진 광수에게 수영을 배운 준호는 다음 대회에서 '거의 1등'을 한다. 줄곧 앞서다가 마지막 스퍼트에서 뒤져 0.02초 차이로 아깝게 1등을 내어준 '거의 1등' 말이다.

준호 엄마는 물론 준호와 아빠도 흥분했고, 축하파티를 열었다. 그런 중 동생 기호에 의해 준호가 코치로부터 체벌을 당한다는 사실을, 엄마는 이미 알고도 모르는 척했던 사실을 아빠가 알게 된다. 그리고 준호는 수영을 그만두게 되는데…….

여기서 나는 체벌에 관해 '나는 왜 체벌을 하려는 걸까? 때로 필요악이라 했지만 정말 대안은 없는 것일까?'라는 물음에 포위되었다.

입에 밥을 넣고 거실과 방을 들락거리며 심지어 씻지도 않은 발을 식탁에 올릴 때, 언니 물건을 맘대로 사용하다 망가뜨리거나 뜬금없이 "내 거!"라며 소유권을 주장해 언니의 성질을 돋우는, 그래서 여섯 살

육아살롱 in 영화, 부모 3.0

차이의 자매가 서로 비난하고 할퀴며 상처 주는 일들을 할 때, 속 좁은 나는 좀 더 강력한 훈육법을 택하고 싶다.

생활습관에서 예의범절, 학습에 이르기까지 다양하게 이루어지는 훈육에서 시기별로 아이별로 때론 훈육자의 기분별로 다양한 방법이 동원된다. 타이르기도 하고, 윽박지르기도 하고, 심지어 가끔은 빌고 싶을 때도 있다.

영화 〈4등〉에서도 엄마와 아빠의 훈육법이 다르고, 엄마도 여러 가지 모습을 보여준다. 그중 4등을 하고 과자를 먹으며 웃고 있는 준호를 다그치는 엄마의 목소리는 나를 움찔하게 만들었다.

"야~ 준호. 너 바보야? 지금 먹을 게 입으로 들어가니."

"야~ 4등! 너 땜에 죽겠다. 진짜."

"너 뭐가 되려고 그래. 너 어떻게 살려고 그래. 너 꾸리꾸리하게 살 거야? 인생을!"

"준호야. 너 엄마 싫지. 네가 진짜 싫어하는 엄마가 뒤에서 쫓아온다고 생각하고 수영하라고. 그럼 초가 준다고. 엄마가 몇 번 말해."

✳✳✳

내가 준호라면 이런 엄마의 표정과 눈빛, 말투 대신 그냥 손이나 몽둥이로 엉덩이 열 대 맞기를 택할지도 모른다. 이런 마음에도 불구하고 나는 오늘도 준호 엄마가 된다.

첫째의 학습을 돕는다는 이름하에 학습지를 살펴보던 중 차근히 읽으면 풀 수 있는 문제를 틀렸다거나, 딴생각을 하며 나의 설명이 반복되게 만들 때면, "집중해!" 하는 잔소리와 함께 긴 자로 손바닥을 탁탁 치며 사랑을 전하고 싶은 욕망에 빠져든다. 내가 가장 사랑하는 아이가 비록 나를 미워하고 싫어하더라도 기록을 단축하고 메달을 딸 수 있다면, 그 길을 선택하고픈. 그래서 꾸리꾸리한 내 인생과 달리 아이의 인생은 그렇지 않기를 바라는 준호 엄마의 마음이 내게도 있기 때문이다.

그런데 정말 체벌이 아이를, 부모를 행복하게 할 수 있을까?

새로운 코치와 연습을 시작한 준호는 무슨 일인지 평소보다 기록이 2초나 늦게 나왔다. 그러자 광수는 준호를 때린다. 머리로 기억하기보다 몸이 기억하게 하는 방법을 택한 것일까?

무섭게 때린다. 체벌이 끝나고 약을 바르면서 광수는 말한다.

"나는 옛날 생각하면 감독 선생들에게 제일 아쉬운 게 뭔 줄 아나. 시합 끝나고 선배들은 빠다 맞고 대가리 박고 있는데, 나는 사무실에서 떡볶이, 순대 이런 거 시켜 먹고 있었다. 기록 나오고 메달 땄으니까 나는 안 건드렸지. 그때 내가 기록을 내도 좀 때리고, 강하게 키웠으면 내가 더 많이 성공했으까야. 니준호가 죽을힘을 다해서 운동을 하면 내광수가 뭐라 하겠나."

맞다. 나의 체벌도 광수의 그것처럼 아이를 위해, 아이의 성공과 행복을 위한 것이다. 그런데 체벌이 끝나면, 아니 시작할 때부터 나의 마음은 불편하다. 하는 사람도 '과연 이것이 최선일까?' 하며 의심하고 후회하는데 아이들이 온전히 부모의 마음을 받아들일 수 있을까?

첫째가 수학책을 집으로 가져온 적이 있다. 평소 교실에 두고 사용하는데, 수업시간에 미처 풀지 못한 문제가 있다며 나에게 펼쳐 보인다. "오늘 해가 뜬 시각은 6시 30분이고 밤이 11시간 20분이었다면 어제 해가 진 시각이 몇 시 몇 분인가?" 하는 물음이다.

밤과 해가 뜨고 지는 것을 연결하는 것, 어제와 오늘 그리고 오전과 오후의 개념이 뒤섞이며 헷갈렸던 모양이다. 세 번의 설명에도 답답함과 통쾌함의 경계에서 오묘한 표정을 하고 있다. 이때 좀 더 쉬운 설명법을 찾았으면 좋으련만, 그렇지 못한 나는 도돌이표에 따라 성실히 반복한다. 말의 높낮이와 속도에 미세한 변화를 주었다.

하지만 결국 버럭 하기에 이르고 아이는 눈물을 흘린다. 이렇게 서로의 감정이 엉키게 되면 학습을 강요하는 내 모습이 '진정 아이를 위한 것일까' 하는 의문이 든다. 그렇다고 '보통 이하'라는 자녀의 성적을 보고서 기쁜 마음으로 다른 재능을 찾아보려는 능력은 아쉽게도 내겐 없다. 이렇게 부족한 나에게 영화가 끝날 즈음, 코치 광수는 하나의 대안을 보여준다.

준호가 다시 수영을 하고 싶다고 찾아오자 광수가 묻는다.

"니 진짜 1등 하고 싶었던 적이 있나?"

"아니요. 하지만 이제는 정말 1등이 하고 싶어요. 그래야 수영을 계속할 수 있으니까요."

"니 혼자 해봐라. 금메달 딴 데이. (수경을 건네며) 이거 끼고 국가대표 때 한국 기록 여러 번 낸 기다. 니 해라. 효과 있을 기다!"

그리고 준호는 홀로 대회에 나간다. 다시 4등이 되었을까? 아님 광수의 말대로 1등이 되었을까?

이 장면에선 준호의 대회 결과보다 체벌을 했던 광수가 준호를 다시 가르치지 않고 왜 혼자 하라고 했는지 더 궁금했다. 영화 중반에 광수는 준호와 떡볶이를 먹으며 자신이 구두쇠 아빠에게 용돈을 받아낸 방법을 말한 적이 있다.

"아버지가 통통배를 타고 포구를 출발하면 건너편에서 보고 있다가 바닷속으로 입수, 죽자고 헤엄을 쳐서 배를 따라가는 거지. 아부지, 아부지요. 돈 좀 주이소. 돈, 돈, 돈! 이렇게 헤엄쳐 가면 그 구두쇠도 저 그 아들 죽을까 봐 식겁해서 돈을 던진다이가. 그 돈으로 오락도 하고, 국밥도 사 먹고, 만화도 보고. 간절함, 그 간절함. 이 뼛속까지 새겨진 간절함!"

광수는 자신을 다시 찾아온 준호에게서 이와 같은 간절함을 본 것이

육아살롱 in 영화, 부모 3.0

아닐까?

체벌에도 불구하고 다시 수영을 하고 싶다고, 1등을 하고 싶다는 간절함 말이다. 자녀가 '간절함'을 갖게 되면 부모의 관심과 코치의 체벌은 더 이상 아이를 움직이는 동력이 되기 어렵다. 책임감(?) 강한 부모는 여기서 한 걸음 나아가 '내 아이가 이런 간절함을 갖도록 하려면 무엇을 해야 할까?' 하는 고민을 시작할지도 모른다.

"어떤 분야에서 어떻게 찾을까?" 하는 물음에 다양한 분야에서 여러 전문가의 도움을 받도록 지속해서 기회를 제공하는 것이 부모의 역할이라고 할 수도 있다. 그런데 광수와 준호의 대화를 보면 이런 생각이 든다.

우리 아이가 때론 오락에 때론 놀이에 때론 만화에, 부모가 받아들이기 싫은 분야에 간절함을 보인다면 어떻게 할까? 아이의 시선에선 그럴 수 있다고 여기며, 아이가 내면의 소리에 집중할 수 있도록, 그래서 좀 더 자신의 목소리를 키워 가도록 부모는 서서히 자신의 볼륨을 줄이는 것은 어떨까?

상처,
덮어둘까? 열어볼까?

 〈라자르 선생님〉 2011, 감독 필립 팔라르도

두근두근 뛰는 가슴을 진정시키고 왼쪽 손목의 시계를 확인한다. 아직 10분이 남았다. 옷맵시도 고쳐보고 구두도 힐끗 쳐다본다. 내가 이러는 것은 취업을 위한 면접을 앞둔 것도 아니고, 풋풋한 설렘을 지닌 소개팅을 하는 것도 아니다. 더욱이 죄를 짓고서 경찰 조사를 앞둔 상황도 아니고, 생명의 은인에게 감사인사를 전하려 가는 것도 아니다.

8시 50분이 되면 현관 앞에 서서 "학교 가기 싫어." 하는 고백으로 가끔 나를 멘붕에 빠뜨리는 아홉 살 첫째 아이의 담임선생님과 면담을 하기로 한 날이다. 학교생활의 이야기를 들으면서 내 아이의 다른 면을 알게 되는 좋은 기회라고도 하지만, 학교로 향하는 나의 마음은 이유

없이 쪼그라든다.

드르륵 문을 열고 한 걸음 내딛는다. 교실 안을 휘익 둘러보니 창가에는 아이들의 이름이 적힌 작은 화분들이 올망졸망 줄을 서 있다. 잘 닦여진 교실은 다섯 개의 책상이 하나의 모둠을 이루고, 총 네 개의 모둠이 차분히 칠판을 향해 있다.

가벼운 소개와 함께 인사를 나눈 후에 선생님은 아이의 성향을 설명하신다. 학기 초의 모습과 달라진 지금의 행동, 그리고 앞으로의 변화에 대해 다양한 가능성을 보여주신다. 게다가 그 과정에서 부모와 선생님이 어떠한 일을 할 수 있을지에 대해, 아이의 처진 기분을 알아채고 풀어주는 팁부터 학교생활과 교우관계에서 자신감을 회복하는 노하우까지 나누어주신다.

그리고는 그동안 외면했던 사실 하나를 더 알려주신다. 점점 넓어지는 관계 속에서 때론 아픔을 느끼고, 자기 힘으로 어찌할 수 없는 상황 속에서 아이들은 가끔 혼자서 슬퍼한다는 것이다.

아이는 밥 먹고 가방 메고 학교에 간다. 돌아와선 TV 보고, 놀이터 가고, 책 읽고, 씻고, 다시 밥 먹고 잔다. 그러면 쑥쑥 잘 크는 것이라 생각했는데 그것만이 아니었다. 하교 후 숱하게 "아빠~" "아빠, 있잖아~" 하며 시작했던 첫째 아이의 말들을, 그저 대수롭지 않게 누구나 겪는 그런 일상의 한 조각이라며 지나왔던 일들이 생각난다.

'에고, 우리 쑥쑥이는 어디에 앉아 누구와 무슨 이야기를 나누며 지

내는 걸까?'

　다시 교실을 살펴보며 짧은 반성을 하는 순간, 캐나다 몬트리올의 한 초등학교에 있었던 라자르 선생님, 알리스, 시몽이 떠올랐다. 물론 내가 직접 아는 이들은 아니고, 2011년에 만들어지고 2013년 우리나라에 소개된 필립 팔라르도 감독의 영화 〈라자르 선생님Monsieur Lazhar〉에 등장하는 인물이다.

✳✳✳

　어느 날 초등학교 선생님이 교실에서 자살을 한다. 우유 당번이라 먼저 교실로 향한 시몽이 이를 발견했고, 같은 반 친구인 알리스는 창문으로 그 장면을 보게 된다. 시몽과 알리스 외에도 갑자기 선생님을 잃게 된 아이들은 저마다 다른 깊이와 넓이의 상처를 가슴에 새기게 된다.

　이때 담임선생님을 대체할 교사가 나타나는데, 다름 아닌 바시르 라자르 선생님이다. 그는 책상 배치를 반원 모양에서 모두 정면을 향하는 방식으로 되돌리고, 어려운 발자크 소설을 받아쓰게 하며, 지금은 사용하지 않는 문법 용어로 수업을 진행한다. 바뀐 수업 환경에 투덜거리면서도 조금씩 선생님에게 적응하는 아이들. 어느 순간 덜컥 자신들의 진심을 쏟아내는 아이들을 보며 일정한 거리를 두었던 라자르 선생님도 점점 아이들 속으로 들어간다.

실은 그도 캐나다로 망명하기 전에 살았던 알제리에서 사랑하는 아내와 두 자녀를 잃은 상처가 있다. 아픔을 가진 학생과 선생님이 서로의 상처를 치유하는 과정을 그리는 것이 이 영화의 줄거리다.

영화의 사건인 '죽음'이 아니어도 우리는 일상에서 크고 작은 문제를 겪으며 상처를 주고 상처를 받으며 살아간다. 그러면서 타인은 물론 가까운 가족 사이에도, 남편과 아내, 부모와 아이 간에도 서로에게 상처를 준다. 그러면서 우리는 이런 상처를 어떻게 치유하고 있고, 또 치유해야 할까?

상처가 덧나지 않고 조용히 딱지를 이룰 수 있도록 침묵하며 덮어 두어야 하는 것일까? 아니면 어디가 어떻게 아픈 것인지 함께 열어 보며 치유를 위한 정보는 물론 마음의 온도까지 나누어야 하는 것일까? 특히 그 상처가 가슴속에, 머릿속에 각인되는 것이라면 어떻게 해야 하는 것일까?

영화에서 담임선생님의 죽음으로 충격을 받은 아이들에게 주어지는 치료는 일명 '덮어두기'다. 한 명의 심리상담사를 초빙해 아이들의 심리를 치료하겠다는 교장선생님은 부모와 아이들이 함께 모인 자리에서 힘든 학생이 있는지 묻고, 무엇이든 얘기하면 적극적으로 돕겠다고 한다.

하지만 아무도 말하지 않는다. 교실에선 죽은 선생님에 관한 이야기가 금기시되고, 교장선생님은 이대로 아이들의 가슴에 딱지가 생겨 기억 속에서 떨어져 나가길 바라고 있다. 하지만 아이들의 찰랑이는 감정선은 위태위태하다. 상처의 자리와 깊이에 대한 고려 없이 빨간약을 쓰윽 바른 후, 밴드를 붙이고 아물기를 기다리는 모습은 물이 가득 찬 유리잔을 들고 파도가 울렁이는 배 위에 서 있는 것 같다.

라자르 선생님과의 수업 중 폭력에 관한 이야기를 나누다가 알리스가 자신이 쓴 글을 읽는다.

"우리 학교는 좋습니다. (중략) 자상한 선생님들이 머릿니는 없는지, 충치는 없는지, 싸우거나 슬프지 않은지 늘 보살펴 주십니다. 이렇게 좋은 학교에서 마틴 선생님은 떠나셨지만요. (중략) 비행기 조종사인 엄마는 자주 집을 비우십니다. 엄마가 빨리 오시면 좋겠어요. 제가 요즘 많이 힘들거든요. 마틴 선생님은 살아갈 용기가 없었나 봐요. 마지막으로 한 일은 의자를 차고 매달리는 거였죠. 그분의 행동 역시 폭력이라고 봅니다. 폭력을 휘두르면 벌을 받아야 해요. 하지만 그분은 벌을 받을 수 없어요. 돌아가셨으니까요."

알리스의 목소리가 또렷해질수록 학생들이 하나둘 집중하고 생각하기 시작한다. 이 모습을 본 라자르 선생님은 아이들이 숨기는 대신 맘껏 얘기하고 싶어함을 알게 된다.

하지만 교장선생님은 단호하다. 침묵하란다. 말하지 못하게 하는 것, 감정을 억누르고 침묵하게 만드는 것. 타인의 감정을 누가 어떤 권리로 잠들게 만드는지 모르지만, 분명한 건 이 또한 폭력이라는 것이다.

천장에 매달린 마틴 선생님을 제일 먼저 발견한 학생은 시몽이다. 그는 여느 때처럼 못되게 굴며 친구들에게 장난친다. 게다가 아무렇지 않은 듯 죽은 선생님의 사진에 밧줄과 날개를 그려 주위 사람들을 놀라게 한다. 하지만 이는 시몽이 그날의 상처를 기억하는 방법이다.

학생에 대한 체벌도 신체 접촉도 금지된 학교에서 마틴 선생님은 울고 있던 시몽을 안아준 적이 있다. 선생님의 품은 따스했지만, 바라던 엄마의 품이 아니어서 싫었던 모양이다. 그래서 선생님이 자신에게 키스를 했다고 거짓말을 했고, 선생님은 곤란에 빠졌다. 시몽은 자신의 행동이 잘못된 것임을 알고 있었기에 선생님의 죽음에 대한 죄책감은 너무도 무거웠다.

침묵은 그를 더욱 짓눌렀고 점점 더 삐뚤어지게 만들었다. 그렇지만 그 누구도 시몽의 마음에 귀 기울이지도 상처를 열어보지도 않았다.

라자르 선생님과의 수업 중 '투척'이라는 단어를 배우다가 시몽이 마틴 선생님에 대해 말하게 되었는데, 그제야 비로소 자신의 감정을 쏟아낸다.

횡설수설 죽음의 원인을 이야기하다가, 처음엔 "마틴 선생님이 저 때문에 자살했대요."라고 했고, 나중엔 "저 때문에 자살한 거 아니에요. 제 잘못이 아니에요. 그렇죠?" 하며 눈물을 흘린다. "네 잘못이 아니야. 그전부터 힘들어하셨대." 하는 라자르 선생님의 말에 거대한 죄책감의

덩어리를 조금 덜어내고 몸과 마음을 추스르기 시작한다.

모든 면에서 상처를 들추어 보는 것이 회복을 위한 최선의 방법이라고 말하기는 어렵다. 하지만 아이들이 원하는 것이 무엇인지 살피고 관찰하는 것은 모든 문제의 해결과 상처의 치유에 첫 단추임을 부정하기는 어려울 것이다.

첫째 아이의 선생님과 마주하며 다소곳이 앉았으니, 다시 학생이 된 것 같다. "세상엔 소통이 중요하다고 말하고, 자신만큼 주위 사람의 의견을 잘 듣고 배려하는 사람이 또 있을까 하며 자신에 찬 사람이 많지. 하지만 상대의 의견을 확인하지 않고 자신이 만든 틀에서 생각하고 행동하며 사실을 덮어 짓누르는 것이 현실이지." 하는 소리가 들리는 듯하다.

'학교에선 공부하고 친구들과 놀다가 집에 와선 밥 먹고 잠을 자면 되는 일상에서 무슨 걱정거리가 있을까? 만일 있다고 한들 그것이 얼마나 심각한 것일까?' 하고 내 아이의 일상을 단정 지었다. 내가 쌓은 벽이라는 장애물 없이 상대의 생각과 입장을 드나들면서 함께 공감하며 웃고 우는 것이 소통일진대 말이다.

라자르 선생님은 마지막 수업에서 자신의 상처를 담은 우화를 만들어 학생들에게 소개한다. 자신이 먼저 읽으면 아이들은 그중에서 틀린 곳을 찾아내는 과정이 이어진다.

부당한 죽음이 닥치면 할 말이 없다.

말을 할 수 없다.

하지만 곧 평정을 되찾는다.

올리브 나무 가지에 에메랄드 빛 번데기가 매달려 있다.

내일이면 나비가 되어 훨훨 날아갈 것이다.

– 〈'훨훨'로 고칩니다.〉

(중략)

나무는 몸을 아끼지 않았다.

번데기를 지키기 위해 바람을 가리고 개미를 막아주었다.

하지만 내일이면 떠나보내야 한다.

짓궂은 적이 우글거리는 험한 세상으로.

– 〈'짓궂은'으로 고칩니다.〉

　우리 집에는 두 마리의 번데기가 있다. 언젠가 나비가 되어 훨훨 날
아갈 것이다. 거스를 수 없는 '떠남'이라는 운명에 앞서, 홀로서도 제대
로 날 수 있을까 하는 막연한 두려움에, 나는 바람을 가리고 개미를 막
아주는 나무가 아니라 번데기에게 나는 법을 가르치려는 나무는 아니

었을까?

첫째 아이의 꿈은 선생님이 되는 것이다. 유치원을 다닐 땐 유치원 선생님, 초등학교를 다니는 지금은 초등학교 선생님이다. 며칠 전 진지한 표정으로 자신이 꿈이 변했다고 했다. 미술학원을 다니니 미술 선생님과 화가가 되고 싶기도 하고, 수영을 배우면서는 수영 선생님이 되고 싶어졌다고 한다. 앞으로 무엇을 선택해야 할지 고민이란다.

5년이 지나고 10년이 지나면, 아니 1년이 지난 후에 녀석의 꿈이 무엇으로 변할지도 예측하기 어렵다. 다만 어떻게 변하든 학생으로 생활하는 동안에는 라자르 선생님의 교실에 관한 이야기를 기억하면 좋겠다.

"교실은 집과 같은 곳이다. 여기서 우정을 쌓고, 공부하고, 예의를 배우지. 활기가 넘치고 인생을 준비하고 미래를 대비하는 곳이다. 슬픔과 고통까지도 모두 함께 이겨나가야 해."

그리고 아빠인 나는 이렇게 라자르 선생님의 말을 바꾸어 실천하려 한다.

"집은 정원과 같은 곳이다. 여기서 밥을 먹고, 배려를 배우며, 추억을 쌓지. 웃음이 넘치고, 서로를 위로하며, 사랑을 나누는 곳이다. 오늘도 내일도 우린 함께 걸어갈 수 있어."

훈육에서 공감의 대상으로,
선도에서 교류의 상대로

 〈인사이드 아웃〉 2015, 감독 피트 닥터

"사춘기 아이는 아빠가 포옹하는 것을 얼마나 싫어하는데요. 그런데 이 아빠가 변해야 한다고 생각했고, 꾸준히 포옹했어요. 아빠를 위아래로 쳐다보는 아이들의 시선, 무반응을 참고 견디며, 묵직하게 지속적으로 일관되게 마음을 전했어요. 그러자 자녀도 조금씩 아빠를 안기 시작했어요. 그렇게 서로의 이야기가 시작되었어요."

EBS에서 〈마더쇼크〉와 〈파더쇼크〉 등을 기획한 김광호 PD가 '사춘기 자녀를 둔 아빠의 역할'이라는 강연에서 소개한 일화다. 육아에 참여할수록 아이가 커갈수록 자꾸 부모와 자녀의 갈등 사례에 눈이 번쩍 귀가 쫑긋하는 나에게, 자신만의 방법으로 자녀에게 한 걸음 더 다가선 아빠의 모습은 신비로웠다.

우리 집 첫째 아이는 더 이상 부모를 통하지 않아도 자신의 휴대전화로 직접 친구들과 연락할 수 있으며, 아빠보다 더 빡빡한 주말 일정을 가지고 있다. 가끔 나와의 약속을 뒤로 미루거나 심지어 없애기도 해서 당황스럽기도 하다.

매일 똑같은 코트를 꺼내는 네 살 둘째가 있다. 아침마다 같은 선택을 하지만 한 팔 너비의 옷장을 두세 번씩 꼼꼼히 살피는 모습을 보면 속이 탄다. 게다가 장난감 네일아트와 반지로 열 손가락을 모두 꾸미고서야 등원하러 집을 나서는데, 심리적 변덕을 보면 이 녀석이 사춘기에 가깝다.

이런 상황을 만난 나는 호기롭게 감정의 파도에 몸을 올렸다가 매번 깊은 바다 속으로 꼬꾸라지고 만다. '기쁨'과 '슬픔'의 감정 없이, '소심', '까칠', '버럭'이 남아 일상이 통째로 흔드는 일이 발생하는 것이다. 이를 어쩐다?

2년 전 여름, 돌 지난 둘째를 아내에게 맡겨두고 여덟 살 첫째와 단둘이 데이트를 하러 영화관을 찾았다. 인터넷은 물론 주위에서도 반응이 좋았던 애니메이션이 있어 별다른 고민 없이 덥석 예매했다. 바로 피트 닥터 감독의 〈인사이드 아웃Inside Out〉이다.

사람의 머릿속에는 다섯 가지 감정이 자리 잡고 있다. 기쁨, 슬픔, 버럭, 까칠 그리고 소심이다. 열한 살 라일리에겐 기쁨의 주도로 조화롭

육아살롱 in 영화, 부모 3.0

게 지내는 다섯 감정이 있었다.

아빠의 직장 때문에 샌프란시스코로 이사하게 된 어느 날, 라일리는 친한 친구들과 헤어지고 자랑스러워하던 하키팀에서도 떠나야 했다. 아쉽기도 했지만 가족, 친구들과 함께했던 즐거운 핵심 기억이 있어 견딜 수 있었다.

그런데 전학 간 학교에서 처음 만난 친구들과 선생님에게 인사하고 자기소개를 하려는 순간 머릿속의 슬픔이 돌발행동을 하자, 라일리의 핵심 기억은 기쁨에서 슬픔으로 바뀌기 시작한다.

이를 제지하려는 기쁨과 자신도 어찌할 수 없는 이끌림에 움직이는 슬픔은 서로 엎치락뒤치락하다가, 결국 둘 다 감정 컨트롤 본부를 이탈하게 된다.

이제 남은 감정은 소심, 까칠 그리고 버럭이다! 특히 버럭이 버럭버럭 하며 기쁨과 슬픔의 빈자리를 메우는 틈에 라일리의 감정과 일상은 뒤엉킨다. 급기야 라일리는 엄마의 지갑에서 카드를 꺼내 예전 친구들이 살고 있는 미네소타로 가려고 집을 나선다.

이탈했던 기쁨과 슬픔이 다시 감정 컨트롤 본부로 가출했던 라일리가 다시 집으로 돌아오는 과정을 통해, 사춘기를 지나는 아이에게 일어나는 감정의 동요, 부모와 자식 사이에서 흔히 일어나는 대립을 재미나고 실감나게 그려내고 있다.

팝콘도 먹지 않고 영화에 집중했던 나와 달리, 지루한 표정의 첫째는 깨끗하게 비운 팝콘 통을 보이며 식당으로 가자고 내 손을 잡아끈다. 영화에 대한 깊은 공감은 기쁨과 슬픔이 이탈한 사이 수없이 버럭이가 폭발했던 나만의 몫인가?

가장 기억에 남고 아빠의 민낯을 보여준 장면은 라일리의 전학 첫날 식탁에 모여 앉아 나누는 가족 간 대화다.

엄마 : 첫날인데, 오늘 어땠어?

라일리 : 뭐, 괜찮았어요.

(엄마는 라일리에게 분명히 무언가 발생했음을 직감하고 '어흠' 하는 소리와 함께 눈짓으로 남편에게 신호를 보낸다. 뒤늦게 아내의 시선을 인지한 아빠는 '쓰레기를 버리는 날인가? 변기 뚜껑을 안 내렸나?' 하며 허둥대다가 마침내 깊은 깨달음을 얻었다는 듯 말한다.)

아빠 : 아, 학교는 어땠니?

라일리도 엄마도, 이를 지켜보던 나도 멘붕에 빠진다. 기쁨과 슬픔이 없는 상황에서 감정 통제에 나선 버럭으로 인해 라일리는 "뭐가 문제에요. 그냥 두세요."라고 항변하고, 이에 질세라 딸의 버럭에 버럭으로 대

육아살롱 in 영화, 부모 3.0

응하는 아빠는 "그만. 네 방으로 가!"라고 소리치며 상황은 종료된다.

나는 여전히 놀이터를 좋아하는 초등학생 첫째가 일정한 생활 리듬을 가졌으면 하는 바람으로 하교 후의 일정을 함께 정한 적이 있다. 씻고 놀고 간식 먹고 숙제하는 등의 일과인데, 아이는 여러 일의 순서를 바꿀 수도 있고, 한 건에 대한 시간을 조정할 수도 있다. 다만 수학 문제집 1장 풀기와 30분간 영어 듣기는 저녁 8시 전에 끝내야 한다.

하루는 놀이와 쉼 또 놀이를 오가며 약속을 미루고 미루기에, 수차례 시각을 알려주었다. 결국 저녁 8시가 되었고, 둘째와 씨름하던 나는 첫째의 상황을 확인하거나 이유를 묻지도 않은 채 "지금 몇 시야? 당장 시작해!" 하며 다그쳤다. 고개를 숙이며 책상으로 가거나 "네."라는 고분고분한 목소리가 들려올 거라는 기대와 달리 녀석의 손에 있던 물건이 구석으로 처박히는 소리가 들렸다. 그러자 나의 버럭이는 (나와 한마디 상의 없이) 전면전을 선언했다. 이쯤이면 라일리 아빠와 나의 싱크로율이 99.9% 정도는 되지 않을까?

사실 라일리와 아빠의 대화 장면에서 충격을 받고 자책에 빠지게 되는 것은 라일리 아빠의 머릿속 감정들 때문이다. 라일리는 기쁨과 슬픔이 없는 상태였다. 그러니 이해가 된다. 충분히 그럴 수 있고 자연스러운 과정이다.

그런데 아빠에겐 다섯 감정이 모두 제자리에 있었다. 평상시처럼 감정이 작동하고 있었음에도 버럭이 최일선에서 경계 태세를 강화하고 심지어 연약한 아이에게 선전포고를 한 것이다.

첫째 아이가 시간 약속을 지키지 않았을 때에 녀석은 기쁨과 슬픔이 외출하고 버럭과 까칠, 소심만 남았던 상태였을지도 혹은 자신도 어찌할 수 없는 뇌의 폭발적 성장에 따라 감정을 발산하고 있었을지도 모른다.

이런 변화를 살피고 공감했으면 좋았겠지만 버럭이 지배하는 일상을 살았던 아빠인 나는 상황을 종종 극한으로 몰고 갔다. 존재하는 감정들이 하나도 빠짐없이 제자리에서 컨트롤 본부를 지키고 있음에도 이런 행동을 보이는 나를 뭐라고 변명할 수 있을까? 혹시, 나 지금 갱년기인가?

그러고 보니 요즘 작은 일에도 얼굴이 붉으락푸르락하고 금세 피곤해진다. 기억력도 현저히 떨어지는 것 같고 관절은 삐걱거리며 20년도 지난 음악을 들으며 창밖을 멍하니 바라본다. 갱년기 증상과 사뭇 닮았다.

중년 여성에서 일어나는 현상이라 들었는데, 자료를 찾아보니 성호르몬 분비에 변화가 오는 30대 후반의 남성에게도 종종 발생한다고 한다. 나 말고도 그런 사람이 있다니 다행스럽다가도, 왜 하필 나인지 원망스럽기도 하다.

✱✱✱

며칠 전 거실에서 놀던 둘째가 갑자기 "날 내보내 줘. 밖으로 보내 줘." 하며 소리쳤다. 놀란 나는 "왜 그래?" 하며 다급히 달려갔는데, 녀석은 세상에서 제일 진지한 표정으로 "왕자를 만나러 성에 가야 해." 하며 현관으로 달려가 구두를 꺼낸다. 아빠랑 같이 놀자고 달래도 보았지만, 녀석은 더욱 단호한 목소리로 "난 왕자랑 결혼할 거야." 하며 발을 들어 문을 찬다.

'어디서 이런 상상을 했을까? 너의 왕자는 누구일까? 왕자는 어떤 모습이고 무엇을 좋아할까?' 하며 공감할 수도 있었을 텐데 전과 달리(?) 나의 얼굴은 굳어졌다.

나의 호르몬 장애는 아내가 외출하고 아이들과 셋만 남겨지는 상황에서 자주 발생하는데, 참 답답한 현실이다. 시간이 지나면 나아지겠지라는 희망을 갖고 싶지만, 곧 닥칠 사춘기 딸과 갱년기 아빠의 빅매치를 생각하면 걱정이 가시질 않는다.

학교에서 돌아온 첫째가 "아빠~ 나 왔어." 하는 인사 없이 고개를 숙이고 신을 벗는다. "무슨 일 있었어?" 하고 아이를 맞이하는 나의 목소리에는 다정함과 따뜻함이 이탈해 있다. '기쁨'과 '슬픔'을 마치 선과 악의 대립으로 치환하는 나는 눈물은 피해야 할 것이라 여긴다. '왜 눈물을 흘려?' '슬픈 일이 뭐가 있어?' '그 정도는 별거 아니잖아?' 하는 선입견에 갇힌 나는 대답할 틈도 주지 않은 채 이유를 물어대고, 아이는 점점 더 웅크리며 동굴 속으로 들어간다.

　나에겐 기쁨, 슬픔, 소심, 까칠, 버럭이라는 다섯 감정 외에도 조바심과 오만함 같이 관계를 불편하게 만드는 여러 감정이 있다. 사춘기를 지나는 아이들에게도 독특하고 복잡한 감정들이 하나둘 생겨날 것이다.

　오로지 '기쁨'이라는 감정 하나가 우리의 일상을 지배하기도 어렵고, 할 수도 없을 것이다. 때론 실컷 울면서 감정의 찌꺼기를 흘려보내는 순간이 핵심 기억이 되기도 하고, 때론 나를 괴롭히던 사람에게 당당하게 버럭함으로써 통쾌한 추억을 만들 수도 있다.

　이렇게 우리의 감정이 제 각각 존재 가치가 있는 것처럼 또 함께 어울려야 할 이유도 있는 것 같다. 기쁨은 별처럼 반짝이는 노란 피부를 갖고 있다. 그런데 녀석의 아우라는 신기하게도 슬픔의 파란색이다.

　영화 후기를 보니 핵심 기억에 슬픔의 접근을 불허하던 기쁨이 결국에는 슬픔의 가치를 인정하고 자신의 일부로 받아들이는 모습이란다. 그래, 맞다! 그렇게 공존하는 것이 감정이고, 가족이고, 생활이고, 삶의 묘미다.

　이제 나도 아이를 받아들이려 한다. 훈육과 선도의 대상에서 공감과 교류의 상대로 바꾸려고 한다. 그래서 우리에게 '믿음'과 '존중'이라는 새로운 감정이 자라나기 바란다. 딸아이가 나를 받아들일지는 의문이지만…….

또 하나의 감동을 덧붙인다면 라일리의 상상 친구, '빙봉'을 빼놓을 수 없다. 기쁨이 기억의 쓰레기장에서 빠졌을 때, "나 대신 라일리를 달에 데려다줘." 하며 기쁨을 구하고 자신은 영원히 사라진다. 이런 빙봉은 복슬복슬 분홍 털에 코끼리 코, 콧구멍은 하트 모양이다.

어릴 적 내가 상상했던 친구와도 묘하게 닮은 것 같다. 언제나 어디서나 내가 우선이었고, 어떤 상황에서도 나의 편이었으며, 꿈속에선 항상 나와 모험을 함께했던 친구. 그런데 사춘기를 지날 즈음, 나는 빙봉을 잊은 것 같다. 아이들도 그렇게 잊고서 청소년이 되고 또 어른이 되어 살아가겠지.

부딪힘이 많아 고운 정보다 미운 정이 더 깊은 관계이지만, 자녀의 해맑은 미소를 보며 용기 내는 나를 보니 이제는 녀석들이 나의 '빙봉'인 것 같다. 내 지갑 속의 사진도 전화기의 배경화면도 모두 녀석들이 차지하고 있으니 말이다.

첫째의 손을 잡고 집으로 돌아오는 길, 문득 사춘기라는 긴 터널을 지날 아이에게 한순간이라도 '빙봉'이 되고 싶어졌다. 자신도 모르는 감정의 소용돌이와 어찌할 수 없는 환경의 변화를 겪어야 할 때, 함께 상상하고 낄낄 거릴 수 있는 친구가 되고 싶다. 터널을 빠져나온 아이들이 어엿하게 독립하는 성인이 되어 더 이상 '빙봉'을 기억하지 못해도 좋다.

이미 너희는 아빠의 핵심 기억에 저장되어 있을 테니까!

친구 같은 아빠,
목적일까? 수단일까?

 〈친구〉 2001, 감독 곽경택

나는 어릴 때 말하자면 좀 까졌었다. 지금은 국제영화제PIFF로 이름을 날리고 있는 부산의 남포동 극장가를 중2 때부터 뻔질나게 드나들었으니 말이다. 당시 든든한 후원자였던 이모님 덕분에 마음만 먹으면 언제든지 영화를 보러 다닐 수 있었다. 남포동까지 가는 좌석버스 맨 뒷좌석에서 단짝 친구와 함께 맛도 모르는 캔 맥주까지 홀짝거리며 똥폼도 잡곤 했다. 그 남포동에는 신천지 백화점이 있었고 그 지하에는 롤러 스케이트장이 있었다.

　그런데 이 모든 장면들이 곽경택 감독의 영화 〈친구〉에서 재현되었다. 유오성과 장동건이 열연했던 이 영화에는 명대사가 많이 나오는데,

그중 하나가 "니가 가라. 하와이!"다. 어렵사리 폭력조직을 재건한 보스 유오성이 라이벌 조직의 넘버 투 장동건을 불러서, 잘못하면 자기가 친구인 장동건을 제거해야 하는 상황이 올 것이라며, 하와이로 잠시 몸을 피하라고 말한다. 그러자 장동건은 침을 내뱉듯 말한다.

"니가 가라. 하와이!"

더 이상 유오성의 '시다바리'가 아니라는 거다. 이 대목에서 곽경택 감독의 선견지명에 무릎을 칠 수밖에 없다. 오늘날 수많은 아버지들이 선망하고 있는 '친구' 같은 아버지가 감수해야 하는 상황을 드라마틱하게 예견했기 때문이다.

내 딸이 고등학교를 다닐 무렵, 딸에게 심부름이라도 시키려면 머릿속에서 여러 차례 예행연습을 해봐야 했다. 대한민국에서 고등학생은 벼슬이며, 특히 고3은 상전 중의 상전이 아니던가! 학교 공부에 바쁘신 딸이 거부하면 어떻게 할까?

내심 걱정하면서 '방청소', '이부자리 정리', '욕실정리', '설거지' 등에 대해 지적하곤 했다. 집안의 대소사가 모두 아이 중심으로 짜인 상황에서, 집안 서열 1위인 딸은 소심한 아버지의 심리상태를 꿰뚫어봤을 것이다. 딸의 입술은 움직이지 않았지만 표정은 "니가 해라. 방청소!"라고 외치고 있었다. 그날 이후 나는 친구 같은 아버지가 되기를 포기했다.

육아살롱 in 영화, 부모 3.0

2013년 9월에 〈아버지다움연구소〉에서 전국의 아버지 1,000명에게 희망하는 아버지상像이 뭐냐고 물었더니, 응답자의 절반 정도가 '친구 같은' 아버지를 꼽았다. 왜 아버지들은 이렇게 친구 같아지려고 애를 쓰는 걸까?

인터넷 카페에 올라온 아버지들의 육성을 들어보면 그 심정을 더듬어 볼 수 있다.

"세상에서 가장 좋은 아빠가 되고 싶은 욕심이 있어, 단 한 번도 큰소리나 장난으로도 때린 적이 없습니다. 엄마가 무섭게 훈육을 하긴 하죠. 전 옆에서 달래는 역할이 전부였죠." 30대 아빠 A

"어제 아이를 너무 혼낸 것 같아 마음이 아프네요. 너무 버릇없게 말하는 것 같아 저도 모르게 욱했네요. 아, 잘 타이를 수 있다고 생각했는데 큰소리를 내고 말았네요. 그 사건 이후로 제 눈치를 보는 것 같고 저에게 아주 차갑게 대하네요." 30대 아빠 B

"놀아주는 것도 좋고 아이의 감정을 인정하고 달래주는 것도 좋다고 생각하지만, 아이가 버릇없는 것은 보지 못하겠더군요. 하루는 너무 안 되겠다 싶어 벌을 세우려고 했습니다. 그런데 아이가 싫다고 하면서 아빠 말을 안 듣더군요. 뭐랄까? 친구 같이 친해진 건 좋은데, 아빠로서의 권위가 없어졌다고 할까요?" 40대 아빠 C

"하루에도 몇 번씩 훅! 하고 올라오는데, 어떻게 하면 지혜롭게 훈육할 수 있을지요? 말로 훈육을 하면 안 듣는 것 같고 체벌을 하자니 체벌 강도만 점점 더 강해지고, 감정적으로 다스리니 애나 저한테도 안 좋은 것 같고. 그렇다고 EBS 프로, 각종 다큐, 책 읽은 대로 하자니 제가 성자가 되어야 될 것 같은데 이 또한 불가능하고요." 30대 아빠 D

이들 아빠들은 고함 한 번으로 온 가족을 얼어붙게 만들던 가부장적이었던 자신들의 아버지 세대를 닮지 않겠다는 생각이 강하다. 그렇다고 대안적 롤모델Role Model 을 가지고 있는 것은 아니다. 그저 '내 아버지처럼 되지는 않겠다'는 정서에 매달리는 것이다.

그 결과가 '친구 같은 아버지'에 대한 선호로 나타났다. 물론 아버지가 자녀에게 친구처럼 다정다감한 건 참 좋은 일이다. 그렇지만 아버지가 늘 다정다감하기만 하면 되는 걸까?

'친구 같은 아버지'들은 갈구한다. 팔 벌리기만 하면 언제라도 안기려 드는 아이의 미소를! 하지만 상상해보라. 덩치가 산만 해져도 안기려 들고, 결혼을 해서도 안기려 드는 자식의 징그러운 미소를!

자녀들의 게임중독으로 스트레스 받는 부모들이 적지 않은 요사이, 간혹 게임하느라 자식을 내팽개치고 심지어 죽음에 이르게 한 부모도 뉴스에 오르내리고 있다.

이렇게 성인이 되어서도 성인에 걸맞은 책임감과 균형감각을 갖추지 못한 철부지들을 일컬어 스포일드 어덜트Spoiled Adult 증후군이라고 한다. 몸과 마음이 나란히 전진하지 못해서, 신화 속의 반인반수半人半獸

처럼 몸은 어른인데 아이다.

이런 스포일드 어덜트는 버릇없는 아이Spoiled Child가 성장해서 만들어지고, 버릇없는 아이는 친구 같은 아버지가 만드는 건 아닐까?

실제로 아이와 친구처럼 되는 데에만 집중하다보면 아빠는 만만한 존재가 되기 십상이다. 만만하지 않으면 친구가 아니다. 아이의 미성숙한 이기적 본능을 제어하지 않고 평생 내버려두겠다면 모르지만, 그게 아니라면 훈육이 필요할 때에 꺼낼 수 있는 아빠의 권위는 남겨두어야 한다. 그러자면 '친구 같은'을 맹종하면 위험하다.

"아빠는 늘 장난으로만 받아들여서 아빠하고는 진지한 이야기가 안 돼!"

이 말은 지인의 초등학생 아들이 했던 말이다. 아내로부터 이 말을 전해들은 그 친구는 '많이 당황하셨다'고 한다.

〈아버지다움연구소〉의 같은 조사에서 중학생 이상 대학생까지의 자녀들에게 "아버지가 가장 필요한 시기는 언제인지?" 물었다.

그들의 답은 흥미로웠다. 응답한 중학생의 45.18%가 아버지가 가장 필요한 시기는 바로 자신들이 중학생일 때라고 대답했으니 의외였다. 대한민국에서 가장 대책 없는 중딩들의 절반 가까운 응답자가 "바로 지금 우리에게 아버지가 가장 필요하다."라고 대답한 것이다.

이런 결과는 사실 개별 상담 사례에서도 이미 나타나고 있긴 하다.

"잔소리가 귀찮기는 해도 만일 부모님이 나에게 아무런 신경도 쓰지 않고 방치한다면, 그게 더 기분 나쁠 것 같다."

"아빠가 뭐 하나 주도하지 못하고 엄마한테 끌려 다니면서 찌질한 모습을 보일 때가 제일 한심하다."

"사실 우리들은 부모님이 뭔가 명확하게 정해주기를 바라기도 한다. 그 속에서 마음의 안정을 찾기도 하니까."

미국 워싱턴주립대의 심리학 교수 가트맨 박사는 감정에 초점을 맞춘 '관계' 연구의 세계적인 권위자다. 그는 부모가 자녀의 감정을 얼마나 잘 공감하는지Aware 와 행동의 한계를 설정하는지Cope 를 기준으로 부모의 양육태도를 4가지로 유형화했다. 그리고 가장 바람직한 양육태도 유형으로써 '감정코칭형'을 제시하면서, 아이의 감정에 공감도 해주어야 하지만 동시에 행동의 한계도 설정해주어야 한다고 강조하고 있다.

행동에 한계를 정해준다는 것은 부정적인 행동에 반대한다는 뜻을 명확히 전달하는 것인 동시에, 아이로 하여금 다른 선택의 기회를 준다는 것이기도 하다. 우리는 종종 아이의 자율성과 창의성을 길러주려는 마음에서, 처음부터 아이의 능력 밖의 상황에 던져 놓는 우를 범하기도 한다.

하지만 아이의 자율성은 스스로 뭔가를 '선택'할 때에 길러지는 것이지, 망망대해에 던져둔다고 길러지는 건 아니다. 오히려 자신감을 떨어뜨리고 무력감을 조장할 가능성이 크다. 아이가 스스로 선택할 수 있는 능력 범위에 따라 한계를 넓혀 나가는 것이 답이다.

솔직히 말해 아이들을 키우면서 그냥 자기 멋대로 행동하도록 내버려두는 건 오히려 쉽다. 요즘 애들이 어떤 애들인가! 부모들 머리 꼭대기에 앉아 있는 경우가 허다하다. 아이에게 방향을 제시하려면 머릿속으로 여러 가지 경우의 수를 생각해보고 시나리오를 짜야 한다.

그러니 아이들의 잘못을 바로잡고 다른 사람들을 존중하고 배려하도록 가르친다는 건 매우 어렵고 피곤한 일이다. 그냥 아내가 알아서 해주었으면 싶다. 적당히 아내에게 책임을 미루고 에너지가 좀 남을 때, 아내와 아이만 타박하고 싶은 것이다.

그러나 자신이 완벽해서도 아니고 손쉬워서도 아니라, 자녀의 삶 그리고 자신의 삶을 위해 아이의 삶에 엄마와는 다른 아버지라는 이름으로 함께 살아내야 한다. 그게 아버지니까 말이다.

소설가 고 박완서는 《휘청거리는 오후》에서 "옛날 어른들처럼 스스로의 생각에 자신이 없이, 그저 자식들 눈치나 살피고 있다. 왜 자기가 나쁘다고 생각하는 것에 대해 싫은 내색을 못하나? 도덕이란, 규범이란, 아버지 노릇이란, 권위란 이해받기 위해 존재하는 것이 아니다."라고 일갈한다. 아이들과 그리고 아이 엄마와 잘 소통하다보면 결과적으로 친근감 있는 아버지가 되는 것이지, 만만한 아버지가 되는 건 목표로 할 일이 아니다.

결국 마냥 아이의 비위를 맞춰주는 것이 결코 아이를 위하는 길이 아니라는 그동안의 심증에 좀 더 자신감을 가져도 되겠다.

인내로 아이 삶의 파도에 **올라타라**

 〈**디센던트**〉 2012, 감독 알렉산더 페인

고등학교 동문 선배들과 어울린 저녁자리에서 나온 이야기다. 사고투성이 고등학생 아들의 핸드폰을 우연히 보다가 발신인 이름 중에 '씹새끼'가 있더란 것이다. 아들 녀석도 그 상대도 참 고약하다고 생각하고 지나쳤다고 한다.

그러다 며칠 뒤, 아들에게 문자를 보냈다가 답이 없기에 왜 아빠 문자를 씹느냐고 물었단다. 그랬더니 언제 문자했냐고 대꾸하면서 핸드폰을 구석에 가서 뒤적여 보더라는 것이다. 그래서 옆에 다가갔더니 무척 당황해하는 모습이 수상쩍다 싶다가, 문득 스치는 의심에 아들에게 물어보았다고 한다.

"혹시 너 핸드폰에 씹새끼라고 해놓은 사람이 아빠냐?"

아들은 우물쭈물했고, 아버지는 피가 거꾸로 솟았다. 그 자리에서 반 죽여 놓고 싶었지만, 그 선배는 뛰쳐나가려는 이성을 간신히 붙들었다고 한다. 그리고는 잠시 숨을 고른 후, "야, 암만 그래도 아빠보고 씹새끼라고 한 건 너무하다. '꼰대'라거나 '밥맛' 정도라면 몰라도……." 하고 눙치고 넘어갔다고 한다. 그러면서 만일 그때 정신줄을 놓고 아들을 패대기쳤다면 부자관계는 돌이킬 수 없는 지경으로 치달았을 것이라면서, 정말 아찔한 순간이었다고 털어놓았다. 끓어오르는 머리 뚜껑을 잠시 추스른 것이 얼마나 다행이었는지 모른다고 말이다.

평소에도 인격적으로 존경하는 선배였는데, 그런 경험담을 듣고 보니 새삼 우러러보였다. 더욱이 부끄러워할 수도 있는 그런 이야기를 서슴없이 털어놓는 도량은 정말이지 쉬운 게 아니지 않은가! 그 일이 있고 난 얼마 뒤, 슬쩍 아들의 핸드폰을 봤더니 '씹새끼'는 '아빠'로 바뀌어져 있었다고 한다. 지금 그 선배는 그 사고뭉치 아들 녀석과 허물없이 지내고 있다.

아버지로 살아간다는 건 어쩌면 '인내'라는 두 글자로 압축될 수 있을 것 같다. 그런 점에서 영화 〈디센던트 Descendants〉는 아버지의 인내심이 특히 돋보이는 영화다. 끊임없이 참으면서 아버지 맷이 딸들의 신뢰와 사랑을 얻어가는 여정을 담담하게 그려내고 있다. 밋밋한데 여운이 남는 그런 영화다.

잘 나가는 변호사 맷조지 클루니은 갑작스러운 보트 사고로 혼수상태에 빠진 아내의 병상을 지키게 되면서, 그간의 삶을 반성하는 장면으로 이 영화는 시작된다. 아내의 사고에 절망한 맷은 막내딸과 함께 기숙사에 있는 큰딸에게 엄마의 상태를 전하러 가지만, 큰딸과의 소통은 그리 녹록치 않다. 그동안 일에 매달리느라 두 딸은 아내에게 맡겨두었으니 당연한 일이다.

예전의 다정다감하던 큰딸은 통제불능의 폭주기관차가 돼 있고, 작은딸 역시 사춘기의 조짐인지 아버지인 자신에게 'Fuck You!'를 날리면서 맷을 당황하게 만든다.

딸들과의 대화가 법정에서의 변론보다 훨씬 어렵다는 걸 뒤늦게 느끼며 좌충우돌하는 가운데, 설상가상으로 큰딸을 통해 아내가 바람을 피우고 있었다는 사실까지 알게 된다. 혼수상태에 빠진 사람은 아내였지만 그녀가 남겨둔 이 모든 상황은 남은 가족들도 매우 역동적인(?) 혼수상태로 몰아넣는다.

생각하기도 싫지만 이런 상황에서 나라면 어떻게 했을까?

그 상황에서 큰딸은 기숙사를 떠나오면서부터 날건달 같은 녀석을 남자친구라며 데리고 온다. 게다가 집에 있는 동안 남자친구와 함께 지내겠다고 우긴다. 급기야 아내의 불륜 상대를 찾아 나서는 길에도 어색하게 동행하는 지경에 이르고 있다. 딸의 다리몽둥이를 몇 번은 분질러 버렸을 상황이 이어지지만 아버지 맷은 참고 또 참는다.

이때 포인트는 아버지 맷이 인내하는 모습이다. 맷은 보통 사람은 감히 범접할 수 없는 그런 고매한 인품으로써 인내하는 게 아니다. 초인적 모습은커녕 때로는 허공에 대고 욕을 해대면서, 딸과 그 엉터리 같은 딸의 남친에게조차도 도대체 어떻게 해야 할지 고민을 털어놓는 지질한 모습으로써 위태롭게 상황을 버텨 나간다.

사회생활에서는 하와이의 저명인사이자 잘 나가는 변호사였지만, 지금은 인공호흡기에만 의지하고 있는 사실상 사망한 바람핀 아내와 도대체 어떻게 소통해야 할지 모를 딸들과 좌충우돌하는 가장의 모습은 보는 이를 안타깝게 만든다.

지성이면 감천이라더니, 서서히 큰딸과 그의 4차원 남친조차도 맷의 든든한 우군으로 변해간다. 세상에 대한 반항심이 가득했던 딸도 진흙탕 속에서도 가정을 지키기 위해 발버둥치는 아버지에게 마음을 열어가는 장면은 관객을 천천히 아주 천천히 감동시킨다. 결국 아내의 산소호흡기를 떼어내기 직전 맷의 되뇜은 왠지 짠하다.

"Good bye Elizabeth, Good bye my love, my friend, my pain, my joy······. Good bye, Good bye, Good bye."

육아살롱 in 영화, 부모 3.0

아이들은 어른들의 상상을 곧잘 뛰어넘는다. 그래서 의도를 가지고 접근하면 이미 아빠의 수를 훤히 꿰뚫고 있으니, 대화법이니 뭐니 해서 스킬을 늘려 봐도 효과는 그리 크지 않다.

딸이 고2일 때다. 아내의 생일을 맞아 이태원으로 저녁을 먹으러 가기 위해 세 식구가 버스를 탔다. 나와 딸이 함께 앉았고 아내는 따로 떨어져 앉았다. 그 당시 나는 내 화법에 대해 고민을 하고 있을 때였다. 사람들과의 커뮤니케이션을 할 때, 나도 모르게 습관이 돼 버린 공격적 화법이 문제임을 깨닫고 나름 고민을 가지고 있던 터였다.

그날 버스 안에서 나는 푸념처럼 딸에게 내 고민을 털어놓게 되었다. 그리고는 나는 마법을 경험했다.

뭔가를 가르치겠다는 생각에서 마련한 대화가 아니라, 어찌 보면 한심해 보일지도 모르는 아빠의 고민을 있는 그대로 보여주었을 때의 나타나는 마법 말이다. 딸은 눈이 초롱초롱해지면서 상상을 뛰어넘는 식견으로 아빠를 코치해주는 것이 아닌가! 내 딸이 언제 이렇게 생각이 여물었단 말인가?

뿐만 아니라 자기 생각을 그토록 조리 있고도 설득력 있게 전달하다니. 정말이지 깜짝 놀랐다. 그동안 딸과 나누었던 대화 중에서 단연 베스트였다.

그래서 나는 맷이 지질함을 감추지 않고 아빠의 약한 모습을 드러낸 것에 크게 공감할 수 있다. 센 척, 있는 척, 멋진 척 해야 아빠로서 폼이 난다는 생각을 내려놓았을 때에야, 비로소 딸은 바로 내 곁에 와서 내 팔짱을 끼고 있었던 경험을 했기 때문이다.

그런데 아버지의 존재가 아이들에게 녹아드는 데에는 끊임없이 참아내는 것만으로는 부족할 수 있다. 한 가지가 더 추가되어야 한다. 그것이 무엇인지를 이 영화의 라스트 신이 잘 보여준다.

아내의 장례를 치르고 거센 태풍이 지나간 어느 휴일, 맷은 작은딸과 함께 각각 아이스크림 접시를 들고 소파에 앉아 TV를 본다. 아무런 대사도 없다. 그저 맨발을 꼼지락거리면서 연신 무릎 담요를 고쳐 덮는다. 곧이어 큰딸도 소파에 합류한다. 그녀 역시 아무 말 없이 담요를 끌어당기며 자리를 잡고는 아버지로부터 아이스크림 접시를 받아 들어 한입 가득 아이스크림을 떠먹는다. 그리고 세 부녀는 TV를 함께 본다.

여기에는 그 어떤 당위나 목표도 없다. 하지만 지극히 자연스럽고 편안하다. 가족이란 원래 그런 것이었음을 새삼 일깨워주면서, 그저 삶을 함께 나누고 있는 모습을 보여준다. 삶을 함께 나누는 것은 의외로 중요하다. 무엇을 위해 왜 함께 나눠야 하는지를 따지는 순간, 당신은

육아살롱 in 영화, 부모 3.0

괄호 밖으로 밀려나게 된다.

삶을 함께 나눌 때에 공감대가 형성된다. 공감대가 형성돼야 공감이 되고 그래야 소통이 된다. '함께한다'는 건 '돈으로 아버지 노릇을 때우는 것'이 아니라, '체험을 나누는 것'이다. 함께하지 않으면 절대로 공감할 수 없는 체험 말이다.

경험을 공유하지 않은 채 대화 스킬을 백날 배워 봐야 아무런 소용이 없다. 아버지의 심장에서 뿜어져 나오는 정서적 동맥이 아이들의 심장으로 통할 때, 진정한 가족이 형성된다.

영화는 인내에서 출발하여 이렇게 아이들과 삶의 파도를 함께 올라타는 한 아버지의 모습을 감동적으로 그려내면서 끝을 맺는다. 이것이 이른바 '함께하는 아버지'의 모습이 아닐까?

아이의 꿈을
키워주려면?

🎬 〈시네마 천국〉 1990, 감독 쥬세페 토르나토레

주세페 토르나토레 감독의 〈시네마 천국Cinema Paradiso〉은 내 생애 최고의 영화다. 얼마 전 영화 파일을 소장하게 된 날 주말 저녁, 옛날 영화는 보기 싫다는 딸에게 사정하다시피 해서 함께 보기도 했다.

이 영화는 스펙터클도 강렬한 교훈이나 카타르시스도 별로 없다. 야생마 같은 여대생이 좋아하기엔 템포가 느리다. 하지만 천천히 울려 퍼지는 그 어떤 열정, 애환, 애틋한 로맨스, 가족 그리고 고향의 의미, 사람들에 대한 따뜻한 시선, 남자들의 철없는 로망 등을 내 딸이 느끼고 사랑할 수 있으면 좋겠다 싶다.

내 딸의 삶을 풍성하게 해줄 인생의 참 모습들이 이 영화 〈시네마 천국)의 장면 장면에 스며 있기 때문이다.

영화는 주인공이 30년 만에 귀향하면서 시작된다. 로마에서 명성을 날리고 있는 영화감독 토토는 어린 시절에 아버지 같았던 존재, 알프레도의 부음을 접하고는 고향을 찾는다. 고향을 떠난 이후, 첫 귀향이다. 어린 시절 소년 토토살바토레 카스치오에게 영화는 세상의 전부였다.

학교 수업을 마치면 곧장 마을 광장에 있는 낡은 '시네마 천국'이라는 극장으로 달려간다. 극장에서 영사기를 돌리던 늙수그레한 알프레도는 토토의 크고 작은 말썽에 골치 아파하면서도 토토의 영특함과 열정을 알아주는 유일한 사람이다. 어깨너머로 배운 토토의 영사기술은 수준급이다.

어느 날 미처 표를 구하지 못하고 극장 밖에서 발을 굴리는 관객들을 위해 광장 벽에 영화를 쏘아주던 중 영사기에 불이 붙어 극장이 모두 타 버리는 사고가 난다. 화재 사고로 알프레도는 실명하게 되고 토토가 그의 뒤를 이어 '시네마 천국'의 영상 기사로 일하게 된다. 실명한 후에도 알프레도는 토토의 친구이자, 아버지로서 토토의 정신적 지주가 되어준다.

청년이 된 토토가 첫사랑이었던 엘레나의 부모님의 반대로 좌절하고 있을 때, 알프레도는 토토에게 넓은 세상으로 나가서 더 많은 것을 배우라며 고향을 떠나라고 한다.

이 영화에서 알프레도는 토토에게 무엇을 하면서 어떻게 살아가야 할지에 대해 본보기가 되어주는 성인 남자다. 성인 남자의 이런 역할이 바로 아버지 노릇이 아닐까?

사실 이와 같은 아버지 역할은 반드시 생물학적인 아버지만이 줄 수 있는 것은 아니다. 마치 오바마 미국 대통령에게 외할아버지가 그러했듯이, 아버지 노릇은 부성적 특징을 가진 가까운 사람이 대신해줄 수도 있는 것이다.

영어에서 이 같은 역할을 하는 사람을 Father Figure라고 부른다. 아무튼 토토는 알프레도에게서 꿈을 꾼다는 것, 그리고 꿈을 이루기 위해 무엇을 해야 할지를 배운다.

아버지가 전사했다는 통보와 유족연금을 신청하라는 당국의 안내를 받고 돌아오는 토토와 어머니가 손을 잡고 포화로 폐허가 된 시가지를 걸어가는 장면은 지금도 선명하다. 연신 눈물을 훔치는 어머니를 안쓰럽게 쳐다보던 어린 토토의 눈에 부서지다 만 건물 벽에 붙은 〈바람과 함께 사라지다〉 영화 포스터가 들어온다.

미망인이 된 어머니의 슬픔과 전쟁의 비참함을 보여주던 장면은 순간 토토의 행복한 미소로 옮아간다. 관객의 슬픔이 희망과 환희로 바뀌는 순간이다. 토토는 영화를 통해 현실의 모든 괴로움을 떨치고 꿈을 키운다.

그렇게 영화는 토토에게 모든 것이었고, 영화를 보고 싶어 하는 모든 사람들에게 영화를 틀어주고 있는 영사실의 알프레도는 토토의 열정과 재능을 발견하고 인정해주고 또 격려해준 '아버지'였다. 그것은 생물학적 토대가 아닌 삶의 준거를 제공하는 아버지의 정신적 역할이었다. 그래서 생물학적 아버지의 부재는 영사실의 알프레도와 함께하는 이상, 토토에게는 해당 사항이 없는 문제가 된다.

영화에서 떠나 현실로 돌아와보면 서울 종로에는 메이저 언론도 아닌데 소속 기자들의 급여 수준이 국내 최고인 신문사를 발견할 수 있다. '내일신문'이라는 이름을 가진 신문이다. 대표이사는 한때 노동운동을 했던 분이고, 순수한 소액주주 모금운동으로 회사를 창립하여 설립 2년째인 1995년에 흑자 전환을 이룬 곳이다. 한 곳의 출입처를 1년을 채우기 어려운 것이 신문기자들의 일반적 관행인데, 내일신문의 기자들은 십 년 넘게 한 곳을 출입하는 경우도 흔하다. 여러모로 조금 특이한 신문사다.

이 신문의 제호 왼쪽 편에는 눈에 띄는 말이 쓰여 있다. '밥, 일, 꿈' 알토란 같은 광고가 차지하고 있을 1면 좌측 상단에 자리하고 있는, 뜬금없는 내용의 이 글은 뭘까?

신문사는 알다시피 난다 긴다 하는 글쟁이들이 모인 곳이다. 이런 곳에서 좀 노골적이고 좀 촌스러운 '밥, 일, 꿈'이라니?

하여튼 내일신문 편집인의 의도가 무엇이든 상관없이 내 나름대로 '밥, 일, 꿈'의 의미를 부여하고 있다. 우리는 많은 경우에 밥먹고 살기 위해 일을 한다. 또 우리는 종종 허황된 꿈을 쫓아 인생을 허비하기도 한다.

대학생이 되기 전 내 딸에게 나는 "무슨 일을 하면서 어떻게 살고 싶으냐?"고 물어본 적이 있다. 딸은 월급 많이 받는 일을 하면서 돈 모아서 여가생활을 즐기고 싶다고 했다. 그림 그리기, 여행 등등. 여가가 목적이고 일은 수단인 셈이다.

흠, 여가의 여餘는 무언가의 뒤에 '남는 것'이라는 의미인데……. 나는 그 나이 때 야심을 가지고 큰 꿈을 꾸고 있었는데……. 여러 생각들이 엉긴다. 요즘 아이들은 다 그런 것인지, 자신의 안락을 넘어서는 뭔가 위대한 것에 대한 추구가 없다는 점이 못내 아쉬웠다.

하지만 머리 굵어진 자식에게 섣불리 가르치려고 했다간 득보다 실이 크다. 그래서 특별한 논평 없이 일단 그냥 지나쳤다. 자연스레 이야기를 나눌 기회가 또 오리라 생각한다. 언제고 그 적절한 기회가 생기면 '밥, 일, 꿈' 이야기를 해주고 싶다.

"밥을 해결하면서 '꿈'을 향해 한 걸음씩 나아가는 그런 '일'을 찾아보라."고 말이다.

나는 내 딸이 일로써 밥과 꿈을 연결시키기 바란다. 배부른 돼지에 머물러서도 굶주린 소크라테스가 되는 것도 바람직하지 않다고 생각

육아살롱 in 영화, 부모 3.0

하기 때문이다. 한편으론 돈 벌어서 여가생활을 즐기면서 살고 싶다는 딸의 발상에 대해 아버지로서 어떤 책임감도 느낀다. 자식이 마음껏 꿈을 키울 수 있도록 내가 역할을 못한 것 같아서 그렇다.

딸이 자칫 '일'을 돈 벌기 위한 수단으로써, 가능하면 피하고 싶은 노동으로만 여기게 될까 봐 걱정이다. '일'은 그 사람이 꿈꾸고 있는 꿈을 이루어가기 위해 현실에 발 딛고 서서 내딛는 한 걸음, 한 걸음인데 말이다.

그래서 만일 딸이 유치원 다니던 시절로 다시 돌아간다면, 나는 아이를 좀 더 유심히 관찰할 것이다. 내 아이가 어떨 때에 토토처럼 눈이 반짝거리고 에너지가 샘솟고 있는지를 말이다. 그리고는 온 마음을 다해 아이에게 힘과 용기를 불어넣어주고 싶다. 내 딸이 꿈을 마음껏 키울 수 있도록 말이다.

긍정심리학의 대가 마틴 셀리그만은 행복한 삶을 살기 위해서는 자신의 강점을 발휘하면서 살아야 한다고 말한다. 이때 중요한 것이 바로 강점의 개념 정의다. 우리는 무엇을 강점이라고 말하고 있을까?

흔히 우리는 남들보다 나은 점을 강점이라고 생각하기 쉽다. 다른 아이들보다 키가 크다거나 더 빨리 달린다거나 할 때, 그런 것들을 강점이라고 생각한다.

하지만 샐리그만에 의하면 그게 아니다. 아이가 어떤 일을 할 때에 아이의 에너지가 올라온다면, 그 일을 향하는 태도가 바로 그 아이의 강점이 된다. 언제 활력이 생기며 어떨 때 시간 가는 줄 모르는지가, 바로 강점 여부를 판단하는 기준이 된다는 것이다. 강점을 이렇게 정의하면 이 세상에 강점이 없는 아이는 존재하지 않는다.

또 샐리그만은 친절, 호기심, 정직 등의 24가지의 대표 강점을 분류하면서, 강점은 선천적으로 주어지는 재능과는 달리 본인의 노력에 따라 개발될 수 있다고 말한다. 하지만 남보다 뛰어난 점을 찾을 때에는 강점이 없는 아이가 적지 않게 나온다.

결론적으로 개인의 안락을 뛰어넘는 삶이 진정으로 행복한 삶, 즉 의미 있는 삶이라고 말한다. 그리고 의미 있는 삶은 개인별로 다양하게 나타나는 강점을 개발하고 발휘함으로써 미덕을 실천하는 삶이라는 것이다.

다시 이태리 시골마을로 돌아가보자. 알프레도는 틈만 나면 영사실로 찾아오는 토토에게 겁을 주면서 말한다.

"남들 놀 때 쉬지도 못하고, 개처럼 일해야 하고, 이런 일 내가 아니면 누가 하겠니? 나처럼 머리 나쁜 놈이 하는 거야. 너도 나처럼 이렇게 살래? 여름엔 쩌 죽고 겨울엔 얼어 죽어."

그러자 토토는 "좋은 것도 있을 것 아니에요?"라고 되묻는다. 알프레도는 자기도 모르게 말한다.

"다른 사람이 행복해지면 뿌듯해지지. 그 사람들에게 세상살이 힘든 걸 잊게 해준 거잖아."

표를 구하지 못해 극장 밖에서 서성이는 사람들을 위해 영사기의 반사경을 이용해 창밖 광장의 건물 외벽에 영화를 쏘아 주던 알프레도를 바라보면서 토토가 짓던 천진난만한 그리고 환한 미소가 떠오른다. 어쩌면 내 딸은 나보다 더 생각이 깊을지도 모른다. 하지만 토토가 짓던 이 미소를 보면서 이렇게까지 구구절절 의미를 갖다 붙이는 아빠의 마음을 언젠가 이해해주었으면 좋겠다.

완전히 이해할 수는 없어도
완전히 사랑할 수는 있다

 〈흐르는 강물처럼〉 1993, 감독 로버트 레드포드

브래드 피트와 안젤리나 졸리, 할리우드의 대표적인 남녀 스타가 가정을 이루고 많은 이들에게 감동을 희망을 주며 살아왔다. 세 명의 친자식 이외에도 세 명의 아이를 입양을 하며 스타답지 않게도(?) 12년간 행복한 모습을 보여주었기 때문이다. 그런데 얼마 전 두 사람 역시 결국 이혼을 했단다.

그런데 두 사람의 이혼 소식을 접하고 나서 약간의 아쉬움이 일어난다. 이혼은 주변 평범한 삶 속에서도 너무나 익숙한 것이 되고 말았으니, 평범하지 않은 이들 부부가 파경에 이르지 않고 잘 살아가는 모습을 보여주기를 나도 모르게 바랐던 모양이다.

아무튼 최근 이혼으로 약간의 실망을 주긴 했지만 여전히 믿고 보는 배우 브래드 피트가 열연했던 영화 중의 하나가 〈흐르는 강물처럼A River Runs Through It〉이다. 이 영화를 보고 나니 그 제목처럼 그 여운이 가슴속을 천천히 휘감아 흐르는 것 같다.

영화는 미국 몬타나의 빅블랙풋 강을 배경으로 펼쳐지는 맥클레인 가족의 이야기를 중심으로 그려지고 있다. 아버지 맥클레인은 청교도적 삶을 살아가면서 두 아들을 서재에서 홈스쿨링으로 교육시키고 있는 목사다. 빨간 펜을 든 아버지의 숙제 검사를 마쳐야 아이들은 밖으로 뛰어나가 들과 산을 달리며 놀 수 있다.

그렇다고 스쿨링이 집안에서만 이루어지는 건 아니다. 세 부자는 종종 빅블랙풋 강에서 플라이 낚시를 하면서 몬타나의 대자연을 가운데 두고 서로의 몸과 마음을 보듬어 간다. 그러니 강River 스쿨링 또는 자연Nature 스쿨링이라고 말할 수도 있겠다. 세월은 강물을 벗 삼아 흘러가고 두 아들은 조금씩 각자의 인생 속으로 빠져 들어간다.

남자들은 다 안다. 남자아이들이 커가면서 부모와 가족에게 얼마나 무심해지는지! 더욱이 영화의 배경은 자립과 독립의 대명사였던 신대륙 미국이 아닌가! 변성기를 거치면서 이미 두 아들의 원심력은 부모의 구심력을 압도하고도 남는다. 아들들은 그렇게 홀연히 부모의 품을 떠나고 있다.

이윽고 멀리 대도시에서 대학을 마친 첫째 아들 노먼 맥클레인은 더욱 이지적인 모습으로 고향으로 돌아온다. 몇 군데 대학의 교수직에 지원해놓고 기다리는 동안 고향의 가족들과 시간을 보내기 위해서다. 야생마 같은 동생 폴 맥클레인은 고향에서 제법 영향력 있는 신문기자로 활동하고 있지만, 가족을 등지고 사는 건 객지에 살았던 형보다 외려 더하다.

아버지 맥클레인은 이미 품을 떠나 버린 두 아들이 언제라도 돌아와 플라이 낚시로 몸과 마음을 식힐 수 있도록 품을 내어주는 빅블랙풋 강을 닮아 간다.

고향의 아가씨와 사랑에 빠지게 된 형 노먼 맥클레인은 마침내 시카고대학에서 정식 교수로 오라는 제의를 받게 되고 온 가족이 기뻐한다. 이 장면을 보면서 대학 교수에 대한 사회적 평가는 우리나 미국이나 매한가지라는 생각을 하게 된다.

또 하나 우리와 미국의 재미난 공통점이 나오는데, 바로 폭탄주를 마신다는 것이다. 장성한 맥클레인 형제가 선술집에서 폭탄주를 만들어 마시는 걸 보니, 만취행 고속열차에 올라타고 싶은 욕망은 태평양을 가로질러 나타나는 모양이다.

한편 형과 달리 어릴 때부터 거침이 없고 반항적이었던 동생 폴 맥클레인은 신문기자라는 직업을 통해서도 특유의 자유분방함을 다 충족시키지 못하고 술과 도박에 빠지곤 한다. 낭만과 격정이 넘치는 동생의 삶을 바라보는 형의 시선에는 선망과 불안이 공존한다. 하지만 성인 남자를 그것도 불같은 성격을 가진 폴 맥클레인을 막을 수 있는 사람은 적어도 미국적 문화 속에서는 찾을 수 없다.

사랑하는 가족의 만류에도 불구하고 폴 맥클레인은 그렇게 탐닉을 향한 여정을 멈추지 않고, 급기야 브래드 피트가 열연한 폴 맥클레인은 도박장 뒷골목의 싸늘한 주검으로 돌아온다. 네 가족이 둘러앉곤 했던 단란한 식탁에는 둘째 아들 대신 무겁디무거운 슬픔과 침묵이 합석하게 된다.

사랑하는 아들을 잃은 아버지 맥클레인은 그의 마지막 설교에서 이렇게 말한다.

"사랑하는 사람이 어려움에 처해 있을 때, 그를 돕는 일은 결코 쉽지 않습니다. 우리는 그를 어떻게 도와야 할지를 알지 못하거나 그가 도움을 거절하기 때문입니다. 그러므로 우리는 우리가 사랑하는 사람을 완벽하게 이해하지는 못하더라도, 사랑하는 사람을 있는 그대로 인정하고 또 사랑해야 합니다."

'자식을 있는 그대로 인정하고 사랑한다는 것!' 이게 말처럼 결코 쉬운 일이 아니다. 모든 부모는 자식을 사랑한다. 혼자서는 먹지도, 자지도, 싸지도 못하면서 전적으로 자신에게 의존하는 자식을, 부모는 온 힘을 다해 키워낸다.

그러다보면 부모는 자식을 자신의 피조물로 여기면서 자신이 원하는 인간상으로 빚어내고 싶다는 욕망을 가지기 쉽다. 이 욕망이 바로 부모가 가지는 번뇌의 시작이다. 하지만 부모가 자식의 삶을 구체적으로 결정짓는다는 건 바람직하지도 가능하지도 않다.

아버지와 관련된 나의 부끄러운 이야기다.

1986년 여름, 경찰대학교 청람동산에서 마주한 아버지의 입에서는 단내가 심하게 풍겨 왔다. 자랑이었던 막내아들이 어렵사리 입학한 경찰대학을 자퇴하겠다는 소식을 듣고, 부산에서 용인까지 달려오는 내내 얼마나 애간장을 태우셨을지. 당신 자신을 위해서는 십 원 한 푼도 아끼셨던 분이니 장담하건대 올라오는 내내 음료수 하나 사드시지 않았을 것이다.

그렇게 도착한 용인군 구성면, 무려 3시간의 설득에도 끝까지 고집을 꺾지 않는 모진 아들놈을 뒤로 하고, 아버지는 그날 오후 쓸쓸한 부산행 기차를 타실 수밖에 없었다. 차비가 부담스러워 "나는 안 가도 마음만으로 뿌듯하니 괜찮다."시며 어머니와 형만 보내고 입학식에도 참석치 않았던 아버지였다. 그 아버지는 결국 아들놈의 자퇴를 막아보느라 처음이자 마지막으로 경찰대학 캠퍼스에 발을 들여놓으셨던 게다.

그로부터 10년 후, 나는 아버지가 꺼내놓은 혼담을 들은 척도 않고, 그동안 사귀던 여자와 결혼하겠다고 우겼다. 아버지의 한숨 어린 회유와 강압도 아무런 소용이 없자, 또다시 아버지의 입에서 단내가 나기 시작했다. 비록 지금 잘 살고 있지만, 결국 나는 아버지의 단내 유발자였다.

그리고 또 10년 후, 아버지는 나에게 둘째를 가지라고 말씀하기 시작했다. 장남인 형이 딸만 둘을 두고 있었고 나 역시 딸 하나만 두었기 때문에, 아버지는 집안의 대를 이을 손자가 없는 것을 걱정하셨다. 하지만 나는 여러 가지 여건으로 볼 때 아들이라는 보장도 없고 세상이 달라졌는데, 아들에 대한 집착 때문에 기회비용(?)을 늘리고 싶지가 않았다. 또 임신이라는 것이 마음먹은 대로 잘 되지도 않았다.

그때부터 아버지는 기회 있을 때마다 손자 이야기를 꺼내시느라, 아버지의 단내는 다시 돌아왔다. 하지만 결국 아버지의 바람은 이루어지지 못했고, 나는 부모님의 바람과는 달리 살아가는 자식이었음을 웅변하고 있는 장본인이다.

내가 경찰대학을 그만둔 것과 둘째를 가지지 않은 것에 대한 아버지의 책망은 꽤 오랫동안 계속되었고, 그 결과 원래 그리 살갑지 않던 부자관계는 더욱 더 삭막해지고 있었다. 듣기 싫었지만 늙어가는 아버지의 하소연이겠거니 여기면서 감내하고 있었다.

그런데 어느 순간 건강한 가족관계와 나의 활력을 침식하고 있는 아버지의 부정적 인식과 푸념을 마냥 듣고 있어서는 안 되겠다는 생각이 들었다. 그래서 아버지가 계속 그렇게 하시면 명절에도 발길을 끊어 버리겠다는 무언의 시위를 벌였다.

이윽고 아버지는 달라지셨다. 이제는 온 가족이 함께 모인 자리가 화기애애하다. 생각해보면 아버지로서는 당신의 기준에 비추어 실망하실 수도 있고 넋두리도 하실 수 있다. 충분히 이해할 수 있다. 하지만 부모가 자식의 삶을 대신 살아가는 것은 아니다. 그렇다면 자식의 행동을 완전히 이해하지는 못하더라도 있는 그대로 인정하고 또 사랑하는 것이 최선이 아닐까?

아버지로서 나는 내 딸이 못마땅한 경우가 적지 않다. 대학교 3학년이나 된 녀석이 아이돌 그룹멤버의 브로마이드 사진을 침대 머리맡에 붙여 두고 있다. 중고교 다닐 때엔 거들떠보지도 않았던 녀석이 말이다. 그리고 TV를 볼 때 걸핏하면 "잘 생겼다."라는 말을 연발한다. "그게 뭐 어때서?"라고 하겠지만 나는 마음에 들지 않는다. 설거지나 청소도 알아서 거드는 일이 없다. 화장도 자해自害 수준이다. 보다 못해 한소리 할라치면 나름의 자기 논리와 생각이 훤하다.

이런 건방진 녀석이 아장거리며 다니던 시절, 까마득한 옛날, 장모님이 녀석을 돌봐주신 적이 있다. 할아버지와 할머니들이 으레 그렇듯 장모님의 사전에는 "안 돼!"를 찾아보기가 어려웠다. 그 어린 녀석의 귀찮기 짝이 없는 요구들을 존중하면서 진심 어린 격려로 돌봐주신 것이다. 충분히(?) 사랑하셔서 그런지 장모님에게는 그런 껌딱지 같은 녀석과의 동거가 아주 편안하고 수월해보였다. 우리 부부는 정말 힘들었는데……

세월은 강물처럼 흘러 중년이 된 나는 철저히 '노노 원칙'을 지키려고 애쓰고 있다. 머리 굵어진 녀석에게 No라는 생각과 말을 하지 않겠다는 것이다. 규칙과 벌칙을 내 사전에서 지우고, 있는 그대로의 녀석을 존중하고 또 사랑하려고 애쓰고 있다.

아버지 맥클레인이 그의 마지막 설교에서 한 말처럼 자식을 완벽하게 이해하지는 못하더라도 있는 그대로 인정하고 또 사랑하려고 하는 게다. 포기나 체념이 아니다. 사랑이다. 그래서 "자식 이기는 부모는 없다."

자녀의 독립,
준비하고 있나요?

🎬 〈택시 드라이버〉 1989, 감독 마틴 스콜세지

소나타NF가 출시된 지 얼마 되지 않았을 때다. 마침 이 차를 새로 장만했고, 한동안 기분은 언제나 2미터 상공에 머무르고 있었다. 홍익대 전철역 1번 출구 앞에서 친구를 만나기로 하고 차안에 앉아 있었다. 그런데 갑자기 어떤 아가씨가 내 차에 덥석 올라타는 게 아닌가! '아니! 새 차를 뽑으니까 이런 일도 생기는구나' 흥분을 감추지 못하면서 어떻게 대응해야 할지 몰라 버벅거리고 있는데, "아저씨, 종로 쪽으로 가주세요!"라는 아가씨의 한마디가 착각에 빠진 내 뒤통수를 들이받았다. 순간 정적이 흘렀다. 그리고 그 아가씨는 황급히 내려 버렸다. 미안하다는 말 한마디도 없이! 착각이란 이렇게도 절묘하게 그리고 찰나적

육아살롱 in 영화, 부모 3.0

으로 교차될 수도 있었다.

로버트 드니로의 출세작이기도 한 〈택시 드라이버 Taxi Driver〉를 집어 들면서 이 우스꽝스러운 오래전의 에피소드가 떠올랐다. 뭔가 교훈적인 메시지를 기대하고 있는 가운데 이런 기억이 되살아나다니, 우리의 머릿속은 이처럼 엉뚱한 구석이 있다.

아무튼 택시만큼 사람들의 속살을 드러내 보이는 공간은 그리 많지 않다. 룸미러에 비춰지는 뒷좌석 풍경이라거나, 차창 밖으로 이어지는 삶의 파노라마가 그렇다.

마틴 스콜시즈 감독이 연출한 〈택시 드라이버〉는 1976년 칸국제영화제에서 황금종려상을 수상하고, 내가 좋아하는 배우들이 줄줄이 등장하는 영화다. 로버트 드니로가 처음으로 주연을 맡았는가 하면, 그녀의 절정에 이른 미모가 눈부신 베티 역의 시빌 셰퍼드가 무척 반갑다. 또 이지적 이미지로만 접해왔던 조디 포스터가 앳된 소녀의 모습으로 가출한 12살의 콜걸역을 맡고 있다.

영화의 초반 무렵 주인공 트래비스의 독백이 흘러나온다.

"매일같이 뒷좌석에서 정액을 그리고 가끔씩 피도 닦아낸다."

이렇게 택시 드라이버는 부조리와 모순을 태울 때도 있고, 때로는 비정함을 합승시킬 수도 있다. 정글에서 하루하루를 보내는 아버지들은 이런 택시를 수도 없이 타보았을 것이다. 그래서 아버지라면 누구나 '어떻게 해야 내 아이를 강하게 키울까'를 궁리하게 된다. 아버지들이 자녀의 독립운동가가 될 수밖에 없는 이유다.

다른 한편 좁은 택시 안에서 구수하고 정겨운 사람 사는 모습이 발견되기도 하고, 택시 드라이버는 종종 세상을 살아가는 지혜라는 거스름돈을 거슬러주기도 한다.

지난해 12월 30일 저녁 귀갓길이었다. 택시 기사님이 라디오를 들으며 한마디 했다.

"매일 뜨는 해를 보러 저렇게 몰려가다니, 해는 내일도 그다음날에도 또 뜨는 데 말입니다. 이 추운 날씨에 참 다들 지극 정성입니다."

이 말에 마음속으로 무릎을 쳤다. "산은 산이고 물은 물이로다."라는 성철 스님의 말씀이 떠올랐다. 사실 이 말씀이 한참 유행일 때에도 나는 그 뜻을 이해하지 못했다. 솔직히 지금도 안다고 하기는 많이 어설프다.

다만 '우리를 둘러싸고 있는 삼라만상은 무심하게 있는데, 그것을 바라보는 사람들이 온갖 상상을 하면서 스스로 번뇌의 바다를 헤엄치게 된다'는 뜻이라고 어렴풋하게 이해하고 있을 뿐이다. 그래서 불교에서는 분별심을 그토록 경계하라고 가르치는 것이 아닐까?

'나누고 구별하는 마음'分別心, 즉 착각이 번뇌를 낳기 때문에 '모든 것은 오로지 마음이 지어내는 것'一切唯心造이라는 가르침을 배웠던 저녁이었다.

위대한 택시 기사님을 한 분 더 소개해야겠다. 택시를 탔는데 기사님 바로 곁에 자리 잡은 피리 비스무리한 복잡체가 눈에 띄었다. 호기심이 많은 나는 "그게 뭡니까?"라고 물었다. 클라리넷이라고 했다. 아, 클라리넷! 이름만으로도 왠지 고상한 그 악기가 왠지 택시 앞자리에 다소곳이 자리한 자태가 묘하게 어울렸다.

"그걸 왜 가지고 다니시냐"고 물었더니, 졸음을 쫓는 자신만의 비결이라는 뜻밖의 답이 돌아왔다. 손님을 기다릴 때나 졸릴 때마다 분다는 것이다. 그렇게 하면 클라리넷 연주를 위한 부족한 연습량을 채울 수 있어서 좋고, 보너스로 졸음도 쫓을 수 있어서 좋다고 했다. 도무지 무료할 틈이 없단다.

나는 그 순간부터 택시를 내릴 때까지 내내 내가 동원할 수 있는 모든 찬사를 보내드렸다. 한때 기타를 배워보려고 잠깐 용을 썼었던 적이 있어, 아무리 쉬워 보여도 악기 하나를 다루려면 일정량의 연습이 필요하고 그 과정은 그리 만만치 않음을 잘 안다. 하물며 저렇게 고매한 악기를 폼나게 불어 젖히기 위해서는 얼마나 많은 연습이 따라야 할 것인가!

그런데 그런 인고의 과정을 일과 중에 꺼내 드는 심심풀이 땅콩으로 치환시켜 버리다니! 세상에 이렇게 지혜로운 분이 또 있을까?

우리는 흔히들 무료한 시간을 보낼 때, '시간을 죽인다'Killing Time라고 말한다. 그런데 이 노신사는 죽어가는 시간을 그렇게 살려내고 있었던 것이다. 인간은 누구나 오래 살고 싶어 한다. 그런데 과연 '오래 산다'는 건 어떤 의미일까? 하루에 몇 시간씩 '시간을 죽이면서' 생물학적인 수명을 늘린다면 그것이 진정 '오래' 사는 것일까? 남들이 손쉽게 죽이고 말았을 시간을 이토록 슬기롭게 살려내고 있는 그 기사님이야말로 진정 '오래 사는' 분이 아닐까?

이런 깨달음과 교훈이 생길 때마다 제일 먼저 생각나는 사람이 있다. 그 사람은 바로 내 딸이다. 내 자식에게 생존하는 그리고 슬기롭게 살아가는 기술과 지혜를 가르쳐주고 싶은 존재, 나는 '아버지'이기 때문이다.

적지 않은 고민을 해본 결과, 딸에게 지혜를 가르쳐주는 길은 홀로 세우는 것이라는 결론에 이르고 있다. 그래서 나는 아버지의 사명은 자식을 독립시키는 이른바 '독립운동가'가 되는 것이라고 생각하고 있다. 여느 대학생처럼 수업과 취업을 준비하느라 꽤나 바쁘겠지만, 주말 반나절을 식당 알바로 일하는 딸이 나는 무척 대견하고 자랑스럽다. 과외라는 상대적으로 손쉬운 알바 대신 선택한 것이라 특히 그렇다.

어느 해였던가? 매년 맞이하는 광복절을 보내면서 문득 나라의 독

육아살롱 in 영화, 부모 3.0

립은 알겠는데, '나는 과연 독립을 한 걸까?'라는 엉뚱한 의문이 들었다. 내가 갖고 있는 생각들과 삶의 방식이 혹시 다른 누군가의 생각에 따른 것은 아닐까?

공부를 잘했고, 좋은 대학에 진학했고, 번듯한 직장을 다니고⋯⋯. 그런데 여전히 착한 아이 콤플렉스에 머물러 있는 듯한 느낌이 들었던 거다. 그날 이후 나는 내 자신의 독립을 기념할 수 있도록 살기로 했다. 나를 만난 사람들의 동공이 갈 곳을 몰라 헤맬 정도로 심하게 파마머리를 해봤던 것도 일종의 '독립운동'이었다. 그런 점에서 고등학교를 졸업한 딸이 머리카락을 파란색으로 물을 들이든, 금관총의 금색을 입히든 개의치 않았던 거다.

사실 독립을 위해서는 많이 놀아봐야 한다. 논다는 건 공부를 안 한다는 단세포적 의미를 훌쩍 뛰어넘는다. 자기 자신을 파악하고 세상이 돌아가는 이치를 깨달아가는 과정이 이른바 '노는 것'이다.

대개 범생이들은 자기 자신이 어떤 사람인지를 잘 모른다. 살아갈수록 자신의 정체성이 무엇인지 헷갈려 하는 경우가 적지 않다. 뿐만 아니라 다른 사람들의 마음을 읽고 함께 뜻을 맞추는 능력도 부족하다. 독서실 칸막이에서는 그런 역량을 키울 기회를 찾을 수가 없으니 말이다.

그래서 '공부머리'book smart와 어떤 일을 주선하고 변통하는 능력을 말하는 '주변머리'street smart는 전혀 다르게 나타난다. 갈수록 물질의 위력이 커지는 걸 실감하고 있다. 그런데도 나는 여전히 돈의 힘을 평가절하하고 있으니 한심하다. 돈에 대한 마음가짐을 논하는 '재무심리'를 강의하는 친구는 나의 바로 이런 마음가짐 때문에 내가 재력이 시원찮은 거라고 일갈한 적이 있다. 맞는 말인 것 같다. 그런데 도대체가 생각이 바뀌질 않으니 큰일이다.

어쨌든 나에게 지금까지 살아오면서 중요한 순서대로 말하라고 한다면 심력心力, 체력體力, 지력智力, 재력財力 순이다. 원래 독립운동은 평탄하지 않은 법이다. 나는 내 딸이 껌도 좀 씹어보고 택시도 많이 타봤으면 한다.

속 시원한 '사이다 육아'를 영화에서 만나다!

육아살롱 in 영화, 부모 3.0

지은이 김혜준, 윤기혁
펴낸이 이종록 펴낸곳 스마트비즈니스
등록번호 제 313-2005-00129호 등록일 2005년 6월 18일
주소 경기도 고양시 일산동구 정발산로 24, 웨스턴돔타워 T4-414호
전화 031-907-7093 팩스 031-907-7094
이메일 smartbiz@sbpub.net
ISBN 979-11-85021-83-6 13590

초판 1쇄 발행 2017년 10월 10일